高职高专生物技术类专业系列规划教材

试验设计与统计分析

主　编　迟全勃

副主编　胡　柯　周济铭

重庆大学出版社

内容提要

本书是在"以培养学生的技术应用能力为核心,基础理论教学以'必需''够用'为度,专业课加强针对性、实用性"的现代高等职业教育理论指导下,充分体现理论知识与操作技能的有机融合,边学边练,以任务导向教学模式为依据,按照岗位的技能要求,划分为学习项目和学习任务。全书共分为5个学习项目:项目1试验方案制订,共3个学习任务;项目2试验实施与总结,共5个学习任务;项目3数据处理基础,共4个学习任务;项目4试验数据统计分析方法,共4个学习任务;项目5常用统计软件使用,共3个学习任务。并附有常用统计教学用表。

本书可作为高职高专食品科学类、生物技术类专业教学用书,也可作为轻工、商学、水产、粮食等院校的食品科学、食品工程、发酵工程等专业开设"生物统计"课程的教学用书,还可作为食品科学类、生物技术类等专业成人教育教材。

图书在版编目(CIP)数据

试验设计与统计分析/迟全勃主编. —重庆:重庆大学出版社,2015.1
高职高专生物技术类专业系列规划教材
ISBN 978-7-5624-8497-4

Ⅰ.①试… Ⅱ.①迟… Ⅲ.①试验设计—高等职业教育—教材②统计分析—高等职业教育—教材 Ⅳ.①O212

中国版本图书馆 CIP 数据核字(2014)第 175317 号

试验设计与统计分析

主 编 迟全勃
副主编 胡 柯 周济铭
策划编辑:梁 涛

责任编辑:李定群 高鸿宽 版式设计:梁 涛
责任校对:秦巴达 责任印制:赵 晟

*

重庆大学出版社出版发行
出版人:邓晓益
社址:重庆市沙坪坝区大学城西路 21 号
邮编:401331
电话:(023) 88617190 88617185(中小学)
传真:(023) 88617186 88617166
网址:http://www.cqup.com.cn
邮箱:fxk@cqup.com.cn(营销中心)
全国新华书店经销
重庆川外印务有限公司印刷

*

开本:787×1 092 1/16 印张:13.75 字数:326 千
2015 年 1 月第 1 版 2015 年 1 月第 1 次印刷
印数:1—3 000
ISBN 978-7-5624-8497-4 定价:29.00 元

高职高专生物技术类专业系列规划教材
※ 编委会 ※

（排名不分先后，以姓名拼音为序）

总 主 编	王德芝			
编委会委员	陈春叶	池永红	迟全勃	党占平	段鸿斌
	范洪琼	范文斌	辜义洪	郭立达	郭振升
	黄蓓蓓	李春民	梁宗余	马长路	秦静远
	沈泽智	王家东	王伟青	吴亚丽	肖海峻
	谢必武	谢 昕	袁 亮	张 明	张媛媛
	郑爱泉	周济铭	朱晓立	左伟勇	

高职高专生物技术类专业系列规划教材
※ 参加编写单位 ※

（排名不分先后，以拼音为序）

北京农业职业学院　　　　　　　湖北生态工程职业技术学院

重庆三峡医药高等专科学校　　　湖北生物科技职业学院

重庆三峡职业学院　　　　　　　江苏农牧科技职业学院

甘肃酒泉职业技术学院　　　　　江西生物科技职业学院

甘肃林业职业技术学院　　　　　辽宁经济职业技术学院

广东轻工职业技术学院　　　　　内蒙古包头轻工职业技术学院

河北工业职业技术学院　　　　　内蒙古呼和浩特职业学院

河南漯河职业技术学院　　　　　内蒙古农业大学

河南三门峡职业技术学院　　　　内蒙古医科大学

河南商丘职业技术学院　　　　　山东潍坊职业学院

河南信阳农林学院　　　　　　　陕西杨凌职业技术学院

河南许昌职业技术学院　　　　　四川宜宾职业技术学院

河南职业技术学院　　　　　　　四川中医药高等专科学校

黑龙江民族职业学院　　　　　　云南农业职业技术学院

湖北荆楚理工学院　　　　　　　云南热带作物职业学院

总　序

大家都知道,人类社会已经进入了知识经济的时代。在这样一个时代中,知识和技术比以往任何时候都扮演着更加重要的角色,发挥着前所未有的作用。在产品(与服务)的研发、生产、流通、分配等任何一个环节,知识和技术都居于中心位置。

那么,在知识经济时代,生物技术前景如何呢?

有人断言,知识经济时代以如下六大类高新技术为代表和支撑,它们分别是电子信息、生物技术、新材料、新能源、海洋技术、航空航天技术。是的,生物技术正是当今六大高新技术之一,而且地位非常"显赫"。

目前,生物技术广泛地应用于医药和农业,同时在环保、食品、化工、能源等行业也有着广阔的应用前景,世界各国无不非常重视生物技术及生物产业。有人甚至认为,生物技术的发展将为人类带来"第四次产业革命";下一个或者下一批"比尔·盖茨"们,一定会出在生物产业中。

在我国,生物技术和生物产业发展异常迅速,"十一五"期间(2006—2010年)全国生物产业年产值从6 000亿元增加到16 000亿元,年均增速达21.6%,增长速度几乎是我国同期GDP增长速度的2倍。到2015年,生物产业产值将超过4万亿元。

毫不夸张地讲,生物技术和生物产业正如一台强劲的发动机,引领着经济发展和社会进步。生物技术与生物产业的发展,需要大量掌握生物技术的人才。因此,生物学科已经成为我国相关院校大学生学习的重要课程,也是从事生物技术研究、产业产品开发人员应该掌握的重要知识之一。

培养优秀人才离不开优秀教师,培养优秀人才离不开优秀教材,各个院校都无比重视师资队伍和教材建设。多年的生物学科经过发展,已经形成了自身比较完善的体系。现已出版的生物系列教材品种也较为丰富,基本满足了各层次各类型的教学需求。然而,客观上也存在一些不容忽视的不足,如现有教材可选范围窄,有些教材质量参差不齐、针对性不强、缺少行业岗位必需的知识技能等,尤其是目前生物技术及其产业发展迅速,应用广泛,知识更新快,新成果、新专利急剧涌现,教材作为新知识、新技术的载体应与时俱进,及时更新,才能满足行业发展和企业用人提出的现实需求。

正是在这种时代及产业背景下,为深入贯彻落实《国家中长期教育改革和发展规划纲要(2010—2020年)》和《教育部 农业部 国家林业局关于推动高等农林教育综合改革的若干意见》(教高〔2013〕9号)等有关指示精神,重庆大学出版社结合高职高专的发展及专业教学基本要求,组织全国各地的几十所高职院校,联合编写了这套"高职高专生物技术类专

业系列规划教材"。

从"立意"上讲,本套教材力求定位准确、涵盖广阔,编写取材精炼、深度适宜、分量适中、案例应用恰当丰富,以满足教师的科研创新、教育教学改革和专业发展的需求;注重图文并茂、深入浅出,以满足学生就业创业的能力需求;教材内容力争融入行业发展,对接工作岗位,以满足服务产业的需求。

编写一套系列教材,涉及教材种类的规划与布局、课程之间的衔接与协调、每门课程中的内容取舍、不同章节的分工与整合……其中的繁杂与辛苦,实在是"不足为外人道"。

正是这种繁杂与辛苦,凝聚着所有编者为本套教材付出的辛勤劳动、智慧、创新和创意。教材编写团队成员遍布全国各地,结构合理、实力较强,在本学科专业领域具有较深厚的学术造诣及丰富的教学和生产实践经验。

希望本套教材能体现出时代气息及产业现状,成为一套将新理念、新成果、新技术融入其中的精品教材,让教师使用时得心应手,学生使用时明理解惑,为培养生物技术的专业人才,促进生物技术产业发展做出自己的贡献。

是为序。

全国生物技术职业教育教学指导委员会委员 　　王德芝
高职高专生物技术类专业系列规划教材总主编
2014 年 5 月

前　言

对于生物、制药、食品、轻工、化工、化学、材料、环境、农林等需要实验与观测的学科专业，经常需要通过试验来寻找所研究对象的变化规律，并通过对规律的研究达到各种实用的目的，如提高产量、降低消耗、提高产品性能或质量等。自然科学和工程技术中所进行的试验是一种有计划的实践，科学地试验设计能用较少的试验次数达到预期的试验目标，反之会事倍功半，甚至劳而无功。试验过程中会产生大量的试验数据，只有对试验数据进行合理地分析和处理，才能获得研究对象的变化规律，达到指导生产和科研的目的。

本书在保持学科的系统性和科学性的前提下，注意引入本学科发展的新知识、新成果；注重拓宽学生的知识面和提高实践能力，紧密联系食品科学生产、科研实际，以及统计分析与计算机科学的结合；避免与交叉学科有关内容的重复；力求体现"厚基础、强能力、高素质、广适应"和素质教育与创新教育的教学目标。

本书可作为高职高专食品科学类、生物技术类专业教学用书，也可作为轻工、商学、水产、粮食等院校的食品科学、食品工程、发酵工程等专业开设"生物统计"课程的教学用书，还可作为食品科学类、生物技术类专业成人教育教材。此外，对食品、生物科技工作者也有重要参考价值。

本书编写充分体现"理实一体化"的职业教育理念，理论知识与操作技能有机融合，边学边练，以任务导向教学模式为依据，岗位的技能要求划分为学习项目和学习任务。全书共分为5个学习项目：项目1试验方案制订，共3个学习任务；项目2试验实施和总结，共5个学习任务；项目3数据处理基础，共4个学习任务；项目4试验数据统计分析方法，共4个学习任务；项目5实用分析软件使用，共3个学习任务。

本书在编写过程中，充分体现校企合作的职业教育理念。以高职院校教师为主、以高校教师与行业专家为辅组建编写队伍，编写分工如下：项目1、附录由北京农业职业学院迟全勃、施鹏飞编写，项目2由杨凌职业技术学院周济铭编写，项目3由商丘职业技术学院胡柯编写，项目4由宜宾职业技术学院刘琨毅、北京农业职业学院李良彬编写，项目5由北京农业职业学院潘妍、邹原东编写。全书由迟全勃修改并统稿。

本书在编写过程中参考了有关中外文献和专著，编者对这些文献和专著的作者、对大力支持编写和出版工作的重庆大学出版社一并表示衷心的感谢！

限于编者水平，错误、缺点在所难免，恳请统计学专家和广大读者批评指正，以便修订时改正。

编　者
2014 年 4 月

目 录 CONTENTS

项目 1
试验方案制订

📖【知识目标】

- 了解试验设计的内涵。
- 了解试验设计与数据处理的发展历史和意义。
- 熟悉试验方案的意义。
- 掌握试验设计基本术语和原则。

📖【技能目标】

- 能制订实验方案。
- 能正确处理试验因素与试验条件的交互作用。

【项目简介】>>>

在工农业生产、科学研究和管理实践中,为了开发研制新产品、更新老产品,降低原材料、能源等资源消耗,提高产品的产量和质量,做到优质、高产、低消耗即提高经济效益,都需要做各种试验。凡是试验就存在着如何安排试验,如何分析试验结果的问题,也就是要解决试验设计的方法问题。若试验方案设计正确,对试验结果分析得当,就能够以较少的试验次数、较短的试验周期、较低的试验费用,得到正确的结论和较好的试验效果;反之,试验方案设计不正确,试验结果分析不当,就可能增加试验次数,延长试验周期,造成人力、物力和时间的浪费,不仅难以达到预期的效果,甚至造成试验的全盘失败。因此,如何科学地进行试验设计是一个非常重要的问题。

【工作任务】>>>

任务 1.1　认识试验设计基础知识

1.1.1　试验设计的内涵

试验设计(design of experiment,DOE)也称为实验设计,是以概率论和数理统计为理论基础,经济地、科学地安排试验的一项技术。通过对数据资料进行正确的整理、分析,可以揭示事物的本质特性及内在联系,进而使人们得以能动地认识世界和改造世界。试验设计和统计分析是互为前提和条件的。只有理解、掌握了一定的统计分析原理和方法,并结合坚实的专业知识和必要的实践经验,才可能正确地进行试验设计。反过来,只有在试验设计正确的基础上,通过对试验所获取的数据资料进行正确地统计分析,才可能真正揭示事物的本质特性及内在联系,得出可靠的结论,进而正确地指导实践。

1.1.2　试验设计与数据处理的发展历史

试验设计自 20 世纪 20 年代问世至今,其发展大致经历了 3 个阶段,即早期的单因素和多因素方差分析、传统的正交试验法和近代的调优设计法。到目前为止,本学科经过了 90 多年的研究和实践,已成为广大技术人员与科学工作者必备的基本理论知识。实践表明,该学科与实际的结合,在工农业生产中产生了巨大的社会效益和经济效益。

20 世纪 20 年代,英国生物统计学家及数学家费歇(R. A. Fisher)首先提出了方差分析,并将其应用于农业、生物学、遗传学等方面,取得了巨大的成功,在试验设计和统计分析方面作出了一系列先驱工作,开创了一门新的应用技术学科,从此试验设计成为统计科学的一个分支。20 世纪 50 年代,日本统计学家田口玄一将试验设计中应用最广的正交设计表格化,在方法解说方面深入浅出,为试验设计的更广泛使用作出了巨大的贡献。

我国从 20 世纪 50 年代开始研究这门学科,并在正交试验设计的观点、理论和方法上都有新的创见,编制了一套适用的正交表,简化了试验程序和试验结果的分析方法,创立了简单易学、行之有效的正交试验设计法。同时,著名数学家华罗庚教授也在国内积极倡导和普及"优选法",从而使试验设计的概念得到普及。随着科学技术工作的深入发展,我国数学家王元和方开泰于1978年首先提出了均匀设计,该设计考虑如何将设计点均匀地散布在试验范围内,使得能用较少的试验点获得最多的信息。

随着计算机技术的发展和进步,出现了各种针对试验设计和试验数据处理的软件,如SAS(statistical analysis system),SPSS(statistical package for the social science),Matlab Origin和Excel等,它们使试验数据的分析计算不再繁杂,极大地促进了本学科的快速发展和普及。

1.1.3 试验设计与数据处理的意义

在科学研究和工农业生产中,经常需要通过试验来寻找所研究对象的变化规律,并通过对规律的研究达到各种实用的目的,如提高产量、降低消耗、提高产品性能或质量等,特别是新产品试验,未知的东西很多,要通过大量的试验来摸索工艺条件或配方。

自然科学和工程技术中所进行的试验,是一种有计划的实践,只有科学地试验设计,才能用较少的试验次数,在较短的时间内达到预期的试验目标;反之,不合理的试验设计,往往会浪费大量的人力、物力和财力,甚至劳而无功。另外,随着试验进行,必然会得到大量的试验数据,只有对试验数据进行合理地分析和处理,才能获得研究对象的变化规律,达到指导生产和科研的目的。可见,最优试验方案的获得,必须兼顾试验设计方法和数据处理两方面,两者是相辅相成、互相依赖、缺一不可的。

在试验设计之前,试验者首先应对所研究的问题有一个深入的认识,如试验目的、影响试验结果的因素、每个因素的变化范围等,然后才能选择合理的试验设计方法,达到科学安排试验的目的。在科学试验中,试验设计一方面可以减少试验过程的盲目性,使试验过程更有计划;另一方面还可以从众多的试验方案中,按一定规律挑选出少数具有代表性的试验。

合理的试验设计只是试验成功的充分条件,如果没有试验数据的分析计算,就不可能对所研究的问题有一个明确的认识,也不可能从试验数据中寻找到规律性的信息,因此试验设计都是与一定的数据处理方法相对应的。试验数据处理在科学试验中的作用主要体现在以下5个方面:

①通过误差分析,可评判试验数据的可靠性。

②确定影响试验结果的因素主次,从而可抓住主要矛盾,提高试验效率。

③确定试验因素与试验结果之间存在的近似函数关系,并能对试验结果进行预测和优化。

④获得试验因素对试验结果的影响规律,为控制试验提供思路。

⑤最优试验方案或配方的确定。

试验设计(experiment design)与数据处理(data processing)虽然归于数理统计的范畴,但它们也属于应用技术学科,具有很强的适用性。一般意义上的数理统计的方法主要用于分析已经获得的数据,对所关心的问题作出尽可能精确的判断,而对如何安排试验方案的设计却没有过多的要求。试验设计与数据处理则是研究如何合理地安排试验,有效地获得试验数据,然后对试验数据进行综合的科学分析,以求尽快达到优化实验的目的。因此,完整意义上的试验设计实质上是试验的最优化设计。

1.1.4　试验设计基本术语

1) 总体与样本

根据研究目的确定的研究对象的全体称为总体(population)。其中的一个独立的研究单位称为个体(individual),依据一定方法由总体抽取的部分个体组成的集合称为样本(sample)。例如,研究某企业生产的一批罐头产品的单听质量,该批所有罐头产品单听质量的全体就构成本研究的总体;从该总体抽取 100 听罐头测其单听质量,这 100 听罐头单听质量即为一个样本,这个样本包含有 100 个个体。含有有限个个体的总体称为有限总体(finite population)。例如,上述一批罐头总体虽然包含的个体数目很多,但仍为有限总体。包含有无限多个个体的总体称为无限总体(infinite population)。例如,在统计理论研究中服从正态分布的总体、服从 t 分布的总体包含一切实数,属于无限总体。在实际研究中还有一类总体称为假想总体。例如,用几种工艺加工某种产品的工艺试验,实际上并不存在用这几种工艺进行加工的产品总体,只是假设有这样的总体存在,把所得试验结果看成是假想总体的一个样本。样本中所包含的个体数目称为样本容量或样本大小(sample size)。例如,上述一批罐头单听质量的样本容量为 100。样本容量常记为 n。通常,$n \leq 30$ 的样本称为小样本,$n > 30$ 的样本称为大样本。统计分析通常是通过样本来了解总体。这是因为有的总体是无限的、假想的,即使是有限的但包含的个体数目相当多,要获得全部观测值须花费大量人力、物力和时间;或者观测值的获得带有破坏性,如苹果硬度的测定,不允许对每一个果实进行测定。研究的目的是要了解总体,然而能观测到的却是样本,通过样本来推断总体是统计分析的基本特点。为了能可靠地从样本来推断总体,这就要求样本具有一定的含量和代表性。只有从总体随机抽取的样本才具有代表性。所谓随机抽样(random sampling),是指总体中的每一个个体都有同等的机会被抽取组成样本,然而样本毕竟只是总体的一部分,尽管样本具有一定的含量和代表性,但是通过样本来推断总体也不可能百分之百的正确。有很大的可靠性,但有一定的错误率是统计分析的又一特点。

2) 参数与统计量

为了表示总体和样本的数量特征,需要计算出几个特征数。由总体计算的特征数称为参数(parameter);由样本计算的特征数称为统计量(statistic)。常用希腊字母表示参数,如用 μ 表示总体平均数,用 σ 表示总体标准差;常用拉丁字母表示统计量,如用 $\bar{x}$ 表示样本平均数,用 S 表示样本标准差。总体参数由相应的统计量来估计,如用 $\bar{x}$ 估计 μ,用 S 估计 σ 等。

3) 准确性与精确性

准确性(accuracy)也称准确度,指在调查或试验中某一试验指标或性状的观测值与其真值接近的程度。设某一试验指标或性状的真值为 μ,观测值为 x,若 x 与 μ 相差的绝对值 $|x - \mu|$ 小,则观测值 x 准确性高;反之,则低。精确性(precision)也称精确度,是指调查或试验中同一试验指标或性状的重复观测值彼此接近的程度。若观测值彼此接近,即任意两个观测值 x_i, x_j 相差的绝对值 $|x_i - x_j|$ 小,则观测值精确性高;反之,则低。准确性、精确性的意义如图 1.1 所示。图 1.1(a)中观测值密集于真值 μ 两侧,其准确性高,精确性也高;图 1.1(b)观测值密集于远离真值 μ 的一侧,其准确性低,精确性高;图 1.1(c)观测值稀疏地散布于远离真值 μ 的两侧,其准确性、精确性都低。

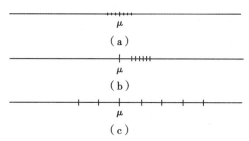

图 1.1　准确性与精确性的关系示意图

调查或试验的准确性、精确性合称为正确性。在调查或试验中应严格按照调查或试验计划进行,准确地进行观测记载,力求避免人为差错,特别要注意试验条件的一致性,除所研究的处理外,其他供试条件应尽量控制一致,并通过合理地调查或试验设计努力提高试验的准确性和精确性。由于真值 μ 常常不知道,因此准确性不易度量,但利用统计方法可度量精确性。

4)随机误差与系统误差

在试验中,试验指标除受试验因素影响外,还受到许多其他非试验因素的干扰,从而产生误差。试验中出现的误差分为两类:随机误差(random error)与系统误差(systematic error)。随机误差也称抽样误差(sampling error),这是由于许多无法控制的内在和外在的偶然因素所造成,如原料作物的生长条件、生长势的差异,以及食品加工过程中机械设备运转状态的偶然变化等。这些因素尽管在试验中力求一致但不可能绝对一致。随机误差带有偶然性质,在试验中即使十分小心也难以消除,但可通过试验控制尽量降低,并经对试验数据的统计分析来估计。随机误差影响试验的精确性。统计上的试验误差是指随机误差,这种误差越小,试验的精确性越高。系统误差也称片面误差(lopsided error),这是由于供试对象的品种、成熟度、病程等不同,食品配料种类、品质、数量等相差较大,仪器不准、标准试剂未经校正,药品批次不同、药品用量以及种类不符合试验的要求等引起。试验中的系统误差是无法估计的,因此应当通过试验设计彻底消除之。观测、记载、抄录、计算中的错误等也将引起误差,这种误差实质上是错误。系统误差影响试验的准确性。图 1.1(b)、(c)所表示的情况就是由于出现了系统误差的缘故。一般来说,只要试验工作做得精细,系统误差容易克服。图 1.1(a)表示克服了系统误差的影响,且随机误差较小,因而准确性高、精确性也高。

1.1.5　试验设计的基本原则

1)重复原则

重复是指在试验中每种处理至少进行两次以上。重复试验是估计和减小随机误差的基本手段。一般来说,重复次数越多越好。重复试验的目的是估计和减小随机误差。

2)随机化原则

随机化原则就是在试验中每一个处理及每一个重复都有同等的机会被安排在某一特定的空间和时间环境中,以消除某些处理或其重复可能占有的"优势"或"劣势",保证试验条件在空间和时间上的均匀性。

3)对照原则

对照原则包括空白对照、安慰剂对照、实验条件对照、标准对照、历史或中外对照。

4)区组原则

人为划分的时间、空间、设备等实验条件,称为区组。区组因素也是影响实验指标的因素,但并不是实验者所要考察的因素,故也称为非处理因素。

【相关链接】>>>

试验设计还有哪些常见术语?

(1)试验指标(experimental index)

在试验设计中,根据试验的目的而选定的用来衡量或考核试验效果的质量特性,称为试验指标。

(2)试验因素(experimental factor)

试验中,凡对试验指标可能产生影响的原因,都称为因素。通常把试验中所研究的影响试验指标的因素称为试验因素;把除试验因素外其他所有对试验指标有影响的因素称为条件因素,又称试验条件。

(3)因素水平

在试验中,为考察试验因素对试验指标的影响情况,要使试验因素处于不同的状态。把试验因素所处的各种状态称为因素水平,简称水平。

(4)试验处理

试验处理简称处理,在单因素试验中,试验的一个水平就是一个处理。试验处理是指事先设计好的实施在试验单位上的一种具体措施。

反思与练习

1.试验设计与数据处理的意义是什么?

2.试验设计基本术语及其含义是什么?

3.试验设计的基本原则是什么?

任务 1.2 试验设计的基本程序

1.2.1 试验目的的确定

进行任何一项科学试验,在试验前必须制订一个科学、全面的试验计划书,以便使该项研究工作能够有计划、有目的地顺利开展,从而保证试验任务的完成。虽然科研项目的种类、大小有所不同,但试验计划的内容一般可概括为以下 10 个方面:

1)课题名称、试验目的

科研课题的选择是整个研究工作的第一步,也是最为重要的一步。科学研究的基本要求是探新、创新。研究课题的选择决定了该项研究创新的潜在可能性。

一般来说,研究课题的来源不外乎两个方面:一方面是国家(包括省、市、区)指定的项目,这类课题不仅保证了科研选题的正确性,而且也为个人选题提供了方向性指导,并提出明确的研究目的和最终的目标要求;另一方面是研究人员选定的课题,这就首先应该明确"为什么要进行这项科学研究",也即通过此项研究所要达到的目的是什么,要解决什么问题,以及在科研生产中的效果如何。

选题时应注意以下 4 点:

(1)重要性

不论是理论性研究还是应用性研究,选题时必须明确其意义或重要性。理论性研究着重看所选课题在未来学科发展上的重要性;应用性研究则着重看其对未来生产发展的作用和潜力。

(2)必要性和实用性

要着眼于本学科、行业科学研究和生产中急需解决的问题,同时从发展的观点出发,适当考虑将来可能出现的问题。

(3)先进性和创新性

在了解国内外在该研究领域的进展、水平等基础上,选择前人未解决或未完全解决的问题,以期在理论、观点、方法或应用等方面有所突破,即要有自己的新颖之处。

(4)可行性

即完成科研课题的可能性,无论是从主观条件还是客观条件方面都要能保证完成研究课题。

2)研究依据、内容及预期达到的经济技术指标

课题明确后,通过查阅国内外有关文献资料,阐明项目的科学意义和应用前景、国内外学术界在该领域的研究概况、水平和发展趋势以及理论依据、特色和创新之处,详细说明项目的具体研究内容和重点解决的问题,以及取得成果后应用推广计划、预期达到的经济技术指标及预期的技术或理论水平等。

3)拟采取的试验设计方法及试验方案

试验方案是全部试验工作的核心部分,主要包括所研究的因素、水平的选择及试验设计方法的确定。方案确定后要结合试验条件适时调整试验设计方法,通过设计使方案进一步具体化、最优化。

4)试验结果的分析方法、研究成果的经济或社会效益估算

试验结束后,对各阶段取得的资料要进行整理分析,因此,要明确应采用的统计分析方法。每一种试验设计都有相应的统计分析方法,分析方法不正确,必然会导致错误的结论。同时,应估算研究成果可能获得的经济或社会效益。

5)研究所需要的条件

除已具备的条件外,本试验研究尚需的条件还包括如经费、药品、试剂、仪器设备的数量和要求以及受试材料的数量和要求等。受试材料即受试对象。首先应当明确受试对象所组成的研究总体,而后正确选择受试材料。受试材料选择的正确与否直接关系到试验结论的正确性。因此,受试材料力求均匀一致,应明确规定受试材料的入选标准和排除标准。

6)试验记录的项目与要求

为收集分析结果所需要的各方面的资料,事先应以表格的形式列出需要观察的指标与要求等。

7）已具备的基础条件和研究进度安排

已具备的基础条件主要包括过去的研究工作基础或预试情况、现有的主要仪器设备、研究技术人员及协作条件、经费情况等。研究进度安排可根据不同内容按日期、分阶段进行安排,定期写出总结报告。

8）参加研究人员的分工

一般分为主持人、主研人、参加人。课题组成人员应结构合理、优势互补,确保试验研究的连续性、稳定性及完整性。

9）试验的时间、地点和工作人员

试验的时间、地点要安排合适,工作人员要固定并参加一定培训,以保证试验正常进行。

10）成果鉴定及发表学术论文

这是整个研究工作的最后阶段。课题结束后,应召开鉴定会议,由同行专家作评价。研究者应以撰写学术论文、研究报告的方式发表自己的研究成果,根据试验结果作出理论分析,阐明事物的内在规律,提出自己的见解、新的学术观点或新的研究内容,将研究深入进行。

1.2.2　试验因素和因素水平的确定

1）试验因素

试验中对试验指标可能产生影响的原因或要素称为试验因素,也称为因子。例如,酱油质量受原料、曲种、发酵时间、发酵温度、制曲方式、发酵工艺等方面的影响,这些都是影响酱油质量的因素。它们有的是连续变化的定量因素,有的是离散状态的定性因素。

由于客观条件的限制,在一次试验中不可能将每个因素都考虑进去。把试验中对试验指标影响重要的因素称为试验因素,通常用大写字母 $A,B,C,\cdots$ 表示;把除试验因素外其他所有对试验指标有影响的因素称为条件因素,又称试验条件。例如,增稠剂用量、pH 值和杀菌温度就是影响豆奶稳定性的试验因素,这 3 个因素以外的其他所有影响豆奶稳定性的因素都是条件因素。考察一个试验因素的试验,称为单因素试验,考察两个或两个以上因素的试验,称为多因素试验。

试验设计中,因素与指标的关系虽然类似于数学中自变量与因变量的关系,但其并非是确定的函数关系,必须运用数理统计的原理和方法获得其之间的相关关系。

为保证结论的可靠性,在选取因素时应把所有影响较大的因素选入试验,这里应当指出,某些因素之间还存在着交互作用。所谓交互作用,就是这些因素在同时改变水平时,其效果会超过单独改变某一因素水平时的效果。因此,影响较大的因素还应包括那些单独变化水平时效果不显著,而与其他因素同时变化水平时交互作用较大的因素,这样试验结果才具有代表性。如果设计试验时漏掉了影响较大的因素,那么只要这些因素水平一改变,结果就会变化,最佳工况是否是 $A:B$ 就成问题了。因此,为保证结论的可靠性,设计试验时就应把所有影响较大的因素选入试验,进行全组合试验。一般而言,选入的因素越多越好。在近代工程中,20～50 个因素的试验并不罕见,但从充分发挥试验设计方法的效果来看,以 7～8 个因素为宜。当然,不同的试验选取因素的数目也会不一样,因素的多少决定于客观事物本身和试验目的的要求,而当因素有交互作用影响时,如何处理交互作用是试验设计中另一个极为重要的问题。关于交互作用的处理方法将在正交试验中介绍。

2）因素水平

试验中试验因素所处的各种状态或取值称为因素水平，简称水平。若一个因素取 t 个水平，就称该因素为 t 水平的因素。如某试验中，温度 A 选定了 30 ℃, 50 ℃ 两种状态，就称 A 因素为 2 水平因素；因素 B 选定了 20 min, 40 min, 60 min 3 种状态，就称 B 因素为 3 水平因素。各因素不同水平通常用表示因素的字母加脚标 1, 2, 3, …, t 的方法来表示。如前述因素 A 的第一、第二水平依次用 A_1, A_2 表示；因素 B 的第一、第二、第三水平分别用 B_1, B_2, B_3 表示。因素的水平有的可用具体数值表示，如时间、温度、试剂或原料用量等，有的则无法用具体数字表示，如食品添加剂的不同种类、设备的不同型号、原料的不同品种、工艺的不同操作方式等。

水平的选取也是试验设计的主要内容之一。对影响因素可从质和量两方面来考虑。例如，原材料、添加剂的种类等就属于质的方面，对于这一类因素，选取水平时就只能根据实际情况有多少种就取多少种；相反，如温度、催化剂的用量等就属于量的方面，这类因素的水平以少为佳，因为随水平数的增加，试验次数会急剧增多。还应当指出，选取的水平必须在技术上现实可行，如在寻找最佳工艺的试验中，最佳水平应在试验范围内；在工艺对比试验中，新工艺必须具有工程实际使用价值。又如，研究燃烧问题时，温度水平就必须高于着火温度，若环境温度低于着火温度，试验将无法进行。有时还有安全问题，如某些化学反应在一定条件下会发生爆炸等。

1.2.3 指标的确定

在某项试验设计中用来衡量试验效果的特征量称为试验指标，也称试验结果。它类似于数学中的因变量或目标函数。例如，在考察加热时间和加热温度对果胶酶活性的影响时，果胶酶活性就是试验指标；在考察储存方式对红星苹果果肉硬度的影响时，果肉硬度是试验指标。

试验指标可分为定量指标和定性指标两类。能用数量表示的指标称为定量指标或数量指标，如食品的糖度、酸度、pH 值、提汁率、糖化率、吸光度、合格率，食品的理化指标，由理化指标计算得到的特征值多为定量指标；不能用数量表示的指标称为定性指标，例如，色泽、风味、口感等，食品的感官指标多为定性指标。在试验设计中，为了便于分析试验结果，常把定性指标进行量化，转化为定量指标。例如，食品的感官指标可用评分的方法分成不同等级以代替很好、较好、较差、很差等定性描述方式。

根据试验目的的不同，试验考察指标可以是一个，也可以同时用两个或两个以上的试验指标，前者称为单考察指标试验设计，后者称为多考察指标试验设计。例如，在研究增稠剂种类、pH 值和杀菌条件对豆奶稳定性的影响时，可只选用豆奶的稳定性作为试验指标；在研究不同吸附剂去除甜橙汁中苦味物质的效果时，可同时选用苦味物质的去除率、维生素 C 的损失率和可溶性固性物质损失率作为试验指标，综合考虑确定哪种吸附剂合适。

【相关链接】>>>

概率论和数理统计的概念

概率论是研究随机现象数量规律的数学分支。随机现象是相对于决定性现象而言的。在一定条件下必然发生某一结果的现象称为决定性现象。如在标准大气压下,纯水加热到 100 ℃时必然会沸腾等。随机现象则是指在基本条件不变的情况下,一系列试验或观察会得到不同结果的现象。每一次试验或观察前,不能肯定会出现哪种结果,呈现出偶然性。例如,掷一硬币可能出现正面或反面,在同一工艺条件下生产出的灯泡其寿命长短参差不齐,等等。随机现象的实现和对它的观察称为随机试验。随机试验的每一可能结果称为一个基本事件,一个或一组基本事件统称随机事件,或简称事件。

数理统计是数学系各专业的一门重要课程。随着研究随机现象规律性的科学——概率论的发展,应用概率论的结果更深入地分析研究统计资料,通过对某些现象的频率的观察来发现该现象的内在规律性,并作出一定精确程度的判断和预测;将这些研究的某些结果加以归纳整理,逐步形成一定的数学概型,这些数学概型组成了数理统计的内容。

 反思与练习

1. 正确理解试验因素、因素水平、试验指标等有关概念,并举例说明。

2. 试验设计应遵循的基本原则是什么? 这些原则在试验中的作用如何?

3. 如何拟订试验的程序?

4. 试验研究方案有哪些类型? 不完全试验方案与综合性试验方案的区别是什么?

5. 拟订试验方案应注意的问题有哪些?

6. 试验设计有哪些常用的优良性? 在进行实验设计时,可否连续多次运用某种优良性或选择不同的优良性共集于同一设计?

任务 1.3 试验方案制订

1.3.1 试验方案的意义

试验方案(experimental scheme)是根据试验目的和要求而制订的进行比较的一组试验处理的总称,是整个试验工作的核心。因此,要经过周密的考虑和讨论,慎重制订。主要包括试验因素的选择、水平的确定等内容。

试验方案按其试验因素的多少可区分为以下 3 类:

1) 单因素试验方案

单因素试验(single factor experiment)是指在整个试验中只变更比较一个试验因素的不同水平,其他作为试验条件的因素均严格控制一致的试验。这是一种最基本最简单的试验方案。例如,某试验因素 A 在一定试验条件下,分 3 个水平 A_1,A_2,A_3,每个水平重复 5 次进行试

验,这就构成了一个重复 5 次的单因素 3 水平试验方案。

2)多因素试验方案

多因素试验(multiple-factor or factorial experiment)是指同一个试验中包含两个或两个以上的试验因素,各个因素都分为不同水平,其他试验条件均严格控制一致的试验。多因素试验方案由所有试验因素的水平组合构成。安排时有完全试验方案和不完全试验方案两种。

(1)完全方案

完全方案是多因素试验中最简单的一种方案,处理数等于各试验因素水平数的乘积。例如,有 A,B 两个试验因素,各取 3 个水平,A_1,A_2,A_3 和 B_1,B_2,B_3,全部水平组合数(即处理数)为 $3 \times 3 = 9$,即

$$A_1B_1 \qquad A_1B_2 \qquad A_1B_3$$
$$A_2B_1 \qquad A_2B_2 \qquad A_2B_3$$
$$A_3B_1 \qquad A_3B_2 \qquad A_3B_3$$

如果每个处理重复两次试验,那么 $3 \times 3 \times 2 = 18$ 次,这就构成了一个重复数为 2 的 2 因素完全试验方案。

完全方案中包括各试验因素不同水平的一切可能组合。这些组合全部参加试验,这便是前面所述的全面试验。全面试验既能考察试验因素对试验指标的影响,也能考察因素间的交互作用,能选出最优水平组合,从而能充分揭示事物的内部规律。多因素全面试验的效率高于多个单因素试验的效率。其主要缺点是当试验因素数和水平数较多时,水平组合(处理)数太多,以致使得试验在人力、物力、财力等方面难以承受,试验误差也难以控制。因此,全面试验应在因素个数和水平数都较少时应用。

(2)不完全方案

在全部水平组合中挑选部分有代表性的方案称为不完全方案。"正交试验""均匀试验"就是典型的不完全方案。多因素试验的目的一般在于选出一个或几个最优水平组合。

3)综合性试验方案

综合性试验(comprehensive experiment)也是一种多因素试验,但与上述多因素试验不同。综合性试验中各因素的水平不构成平衡的水平组合,而是将若干因素的某些水平结合在一起形成少数几个水平组合。这种试验方案的目的在于探讨一系列供试因素某些水平组合的综合作用,而不在于检测因素的单独作用和相互作用。单因素和多因素试验常是分析性的试验;综合性试验则是在对于起主导作用的那些因素及其相互关系基本弄清楚的基础上设置的试验。它的水平组合是一系列经过实践初步证实的优良水平的配套。例如,选择一种或几种适合当地的综合性优质高产技术作为试验处理与常规技术作比较,从中选出较优的综合性处理。

试验方案是达到试验目的的途径。一个周密而完善的试验方案可使试验多快好省地完成,获得正确的试验结论。如果试验方案制订不合理,如因素水平选择不当,或不完全方案中所包含的水平组合代表性差,试验将得不出应有的结果,甚至导致试验的失败。因此,试验方案的制订在整个试验工作中占有极其重要的位置。

1.3.2 制订试验方案的要点

制订一个正确的试验方案,应认真考虑以下几方面的问题:

1）围绕试验的目的，明确试验要解决的问题

制订试验方案前应通过回顾以往研究的进展、调查交流、文献检索等明确为达到本试验的目的需解决的主要的、关键的问题是什么，形成对所研究主题及外延的设想，使待制订的方案能针对主题确切而有效地解决问题。

2）根据试验的目的、任务和条件确定试验因素

在正确掌握生产或以往研究中存在的问题后，对试验目的、任务进行仔细分析，抓住关键、突出重点。首先要选择对试验指标影响较大的关键因素、尚未完全掌握其规律的因素和未曾考察过的因素。试验因素一般不宜过多，应该抓住一两个或少数几个主要因素解决关键问题。如果涉及试验因素多，一时难以取舍，或者对各因素最佳水平的可能范围难以作出估计，那么可将试验分为两阶段进行。即先作单因素的预备试验，通过拉大水平幅度，多选几个水平点，进行初步观察，然后根据预备试验结果再精选因素和水平进行正式试验。预备试验常采用较多的处理数，较少或不设重复；正式试验则应精选因素和水平，设置较多的重复。为不使试验规模过大而失控，试验方案原则上应力求简单，单因素试验能解决的问题就不用多因素试验。

3）根据试验因素性质适当确定水平大小及间隔

一般试验因素有"质性"和"量性"之分，对于前者应根据实际情况，有多少种就取多少个水平，如不同原材、触媒、添加剂的种类，不同生产工艺、不同生产线、不同包装方式等。对于后者应认真考虑其控制范围及水平间隔，如温度、时间、压力、某种添加剂的添加量，均应确定其所应控制的范围及在该范围内确定几个水平点、如何设置水平间隔。

对于"量性"试验因素水平的确定应根据专业知识、生产经验、各因素的特点及试验材料的反应等综合考虑，基本原则是以处理效应容易表现出来为准。以下3条可供参考：

（1）水平数目要适当

水平数目过多，不仅难以反映出各个水平间的差异，而且加大了处理数；水平数目太少又容易漏掉一些好的信息，使结果分析得不够全面。水平数目一般不能少于3个，最好包括对照采用5个水平点。若考虑到尽量缩小试验规模，也可确定2～4个水平。从有利于试验结果分析考虑，取3个比较合适。

（2）水平范围及间隔大小要合理

原则是试验指标对其反应灵敏的因素，水平少间隔应小些，反之间隔应大些。要尽可能把水平值取在最佳区域或接近最佳区域。

（3）要以正确方法设置水平间隔

水平间隔的排列方法一般有等差法、等比法、0.618法及随机法等。

等差法是指因素水平的间隔是等差的。如温度可采用30,40,50,60,70 ℃等水平。一般等差法适应于试验效应与因素水平呈直线相关的试验。

等比法是指因素水平的间隔是等比的。一般适用于试验效应与因素水平呈对数或指数关系的试验。试验因素的水平可由式（1.1）或式（1.2）确定，即

$$A_1, A_2 = bA_1, A_3 = bA_2, \cdots, A_i = bA_{i-1}$$

其中

$$b = A_i + 1/A_i \tag{1.1}$$

或

$$A_1, A_2 = A + d, A_3 = A_2 + d/b, A_4 = A_3 + d/b_2, \cdots, A_i = A_{i-1} + d/b^{i-2}$$

其中

$$d = A_2 - A_1, b = A_1/d \tag{1.2}$$

如某试验中时间因素的水平可选用 5,10,20,40 min 等;另一个试验中添加剂因素水平可选 1 000,1 500,1 750,1 875 mg/kg。这种间隔法能使试验效应变化率大的地方因素水平间隔小一点,而试验效应变化率小的地方水平间隔大一点。

确定因素水平的 0.618 法也称优选法间隔排列设计。一般适用于试验效应与因素水平呈二次曲线型反应的试验设计。0.618 法是以试验因素水平的上限与下限为两个端点,以上限与下限之差和 0.618 的乘积为水平间隔从两端向中间展开的。例如,山楂果冻中加 0.5% ~4.0% 的琼脂可达其硬度。可选用 0.5% ~4.0% 为两个端点,再以 4.0 - 0.5 = 3.5 与 0.618 的乘积 2.163 为水平间隔从两端向中间扩展为 0.5 + 2.163 ≈ 2.7 和 4 - 2.163 ≈ 1.8。这样,包括对照有 0%,0.5%,1.8%,2.7%,4.0% 共 5 个水平。在试验中,这些水平必有效应较好的两个。如果有必要,可在下次试验时以这两点的水平间隔与 0.618 的乘积为水平间隔,从两端向中间扩展,直到找到理想点。

随机法是指因素水平排列随机,各个水平的数量大小无一定关系。例如,赋形剂各个水平的排列为 15,10,30,40 mg 等。这种方法一般适用于试验效应与因素水平变化关系不甚明确的情况,在预备试验中用得较多。在多因素试验的预备试验中,可根据上述方法确定每个因素的水平,而后视情况决定调整与否。

4)正确选择试验指标

试验效应是试验因素作用于试验对象的反应,这种效应将通过试验中的观察指标显示出来,因而试验指标的选择也是试验方案中应当认真对待的问题。在确定试验指标时,应考虑以下因素:

①选择的指标应与研究的目的有本质联系,能确切地反映出试验因素的效应。

②选用客观性较强的指标。最好选用易于量化(即经过仪器测量和检验而获得)的指标。若研究中一定要采用主观指标,则必须采取措施以减少或消除主观因素的影响。

③要考虑指标的灵敏性与准确性。应当选择对试验因素水平变化反应较为灵敏而又能够准确地度量的指标。

④选择指标的数目要适当。食品试验研究中,试验指标数目的多少没有具体规定,要依据研究目的而定。指标不是越多越好,但也不能太少。因为如果试验中出现差错,同时指标又很少,这会降低研究工作的效益,甚至使整个研究工作半途而废。

总之,试验指标应当精选,与研究目的密切相关的不应丢掉,而无关的指标不宜列入。经过对试验指标的比较分析,要能够较为圆满地回答试验中提出的问题。

5)试验方案中必须设立作为比较标准的对照处理

根据研究目的与内容,可选择不同的对照形式,如空白对照、标准对照、试验对照、互为对照及自身对照等。

6)试验方案中应注意比较间的唯一差异原则

这是指在进行处理间比较时,除了试验处理不同外,其他所有条件应当一致或相同,使其具有可比性。只有这样才能使处理间的比较结果可靠。例如,在对某种鲜果喷洒激动素以提高其保鲜性能的试验中,如果只设喷激动素(A)和不喷激动素(B)两个处理,则两者的差异不仅含有激动素的作用,也有水的作用,这时激动素和水的作用混杂在一起解析不出来。若再加喷水(C)的处理,则激动素和水的作用可分别从 A 与 C 及 B 与 C 的比较中解析出来,因而可进一步明确激动素和水的相对重要性。

7)预备试验

对一些较为复杂的、重大的、技术难度较高的试验,应考虑先做预备试验。通过预备试验,一方面可使试验人员熟练掌握操作方法和程序;另一方面通过分析预试所得的数据资料可检查试验设计的科学性、合理性和可行性,发现问题及时纠正。此外,在一个试验方案中还应明确试验是全面试验还是部分实施,试验的次序步骤、操作规程、怎样控制误差、收集试验数据的方式及统计分析方法等。

1.3.3 正确处理试验因素与试验条件的交互作用

一个试验中只有供试因素的处理水平在变动,其他条件因素都固定在某个处理水平上不变,在这种条件因素下获得的试验结果,在其他条件因素下不一定能重演。换句话说,在这种条件因素下为最优的处理组合,变换条件因素并非还是最优处理组合。因此,在拟订试验方案时,必须充分考虑试验因素与条件因素之间的关系,尤其是那些与试验因素可能存在互作的条件因素,将某些与试验因素可能有互作(特别是负互作)的条件因素作为试验因素,放在一起进行多因素试验;或者在多种条件因素下分别进行同一单因素试验(如多点试验),然后将试验条件(如地点)也作为一个试验因素,进行试验结果的联合统计分析。

【相关链接】 >>>

交互作用的定义

如果因素 A 的数值和水平发生变化时,试验指标随因素 B 变化的规律也发生变化;反之,若因素 B 的数值或水平发生变化时,试验指标随因素 A 变化的规律也发生变化。则称因素 A、B 间有交互作用,记为 $A \times B$。

 反思与练习

1.试验方案的概念是什么?

2.制订试验方案的要点有哪些?

3.如何正确处理试验因素与试验条件的交互作用?

4.结合自己做过的试验或实训内容完成一份试验设计方案。

项目 2

试验实施和总结

📖【知识目标】

- 了解试验准备的主要内容和预试验的重要意义。
- 熟悉试验资料的主要类型及其特点。
- 掌握试验资料收集的主要方法。
- 掌握试验计划和试验总结报告的主要内容及书写方法。

📖【技能目标】

- 能制订切实可行的试验计划。
- 能按试验计划的要求完成试验的准备、田间试验区划和试验管理工作。
- 能准确地进行试验结果的观察记载和试验数据收集。
- 能正确进行试验资料的整理和分析。
- 能科学合理地书写试验总结报告。

试验实施的主要内容是正确地把试验的各处理按试验计划要求布置到试验环境中,并正确进行各项操作管理和观察记载,以保证供试材料的正常生长,获得可靠的试验数据。在试验实施过程中,必须注意控制误差,力求使不同试验的各项技术操作尽可能一致。

农业科学研究工作中,为了培育新品种、探索新技术、观察植物的生育表现等,在田间调查、观察记载、收获计产、室内鉴定及统计分析等完成后,最后获得的试验结果,一般都要求写一份试验总结。它是对研究成果的总结和记录,是进行新技术推广的重要手段。把表达试验全过程的文字材料称试验报告,或称试验总结。

任务 2.1　试验的准备和预试验

2.1.1　试验准备

在试验之前,应做好充分准备,除对试验所需的仪器、设备、材料、试剂等做好准备外,还应对试验环境进行科学合理的布置,以保证各处理有较为一致的环境条件。

1)材料的准备与处理

对于多数生物试验来说,选择和处理好试验材料,直接影响试验的结果。因为材料选择得好,在试验过程中才能操作方便,便于试验结果的观察测定。例如,在植物叶绿体中色素的提取和分离试验中,如果用菠菜、飞蓬等软质叶片的植物作试验材料,因为含水量高,滤液颜色较浅,色素分离的效果不是十分明显;用小叶黄杨、大叶黄杨等硬质叶片作为材料,滤液的颜色较深,但由于叶片质硬,研磨极为费力;如果采用幼龄臭椿树叶、女贞叶作材料,研磨容易,滤液翠绿而色浓,色素带分离的效果对比鲜明。

在品种试验及栽培技术研究试验中,须事先测定各品种种子的千粒重和发芽率。各小区(或各行)的可发芽种子数应基本相同,以免造成植株营养面积与光照条件的差异。作物育种初期,试验材料较多,而每间材料的种子数较少,不可能进行发芽试验,则应使每小区(或各行)播种粒数相同。移栽作物的幼苗也应按这一原则来计算。

在作物田间试验中,种子材料准备按照试验计划的要求,应计算好各小区(或各行)播种量,称量或数出种子,每小区(或每行)的种子装入一个纸袋,袋面上写明小区号码(或行号)。水稻种子的准备,可把每间小区(或每行)的种子装入尼龙丝网袋中,挂上编号标牌,以便进行浸种催芽。需要药剂拌种的,应在种子准备时做好拌种。准备好当年播种材料的同时,须留同样材料按次序存放仓库,以便遇到灾害后补种时备用。

在测定食品样品中金属元素和某些非金属元素(如砷、硫、氮、磷等)的含量时,由于这些元素常与蛋白质等紧密结合形成难溶、难离解的化合物,测定时就需要对试验材料进行有机物破坏处理。先将样品置于坩埚中小心炭化,再在高温下灼烧,使炭化了的食品样品在空气中氧的作用下,分解成二氧化碳、水和其他气体而挥发,剩下无机物供测定用。

2)仪器用具的准备

仪器用具能否正常使用,直接关系到试验的成败。因此,必须严格按照试验计划要求,将所需仪器、用品检验后,按照要求的次序摆放在实验台上,保证试验能按步骤顺利进行。如显微镜,在每次使用之前,都要进行检测,尤其是带有测微尺的显微镜,各个部件都应按照统一标准进行维护组装,目镜也要通过指针安装调试好。

对色谱分析类仪器来说,除试验材料要进行预处理外,仪器本身的预热和正确准备也很重要。气相色谱仪在开机之前应做到:

①检查仪器电路和气路,确保正常。

②打开载气钢瓶总阀,调节减压阀,使出口压力为 7~8 kg/cm² (1 kg/cm² =98 kPa)。

③调节流量控制器右侧的载气压力调节旋钮,使压力表为 5~6 kg/cm²。

④调节流量控制器右侧的两个载气质量流量控制旋钮,使载气流量为 40~60 mL/min。

对分光光度计类仪器来说,新安装的仪器或使用过的仪器在重新使用前都必须进行性能指标检验。检验内容主要包括以下 6 个方面:

①指示波长准确度的检验。

②透光度准确度的检验。

③杂散光的检验。

④分辨率的检验。

⑤基线稳定度与平直度检验。

⑥吸收池配套性的检验。

除性能指标检验外,在使用前应开机预热 20 min 以上。

3)试剂的配制

试剂配制是否符合试验要求,直接影响着试验的结果。例如,苏丹红、甲紫(异名为龙胆紫)、亚甲基蓝、双缩脲试剂、斐林试剂等常用的生物组织染色、显色试剂,其组成、浓度、配制方法等都有严格的规定,稍有差错就会影响试验效果。再者,有些试剂还需作必要的调整才可用于试验。

4)试验场所的准备

试验场所的准备主要是对实验室环境及用具进行清洁、消毒,同时检查水、电、通风、光照等设备是否能正常运转。

对室外试验,试验地的准备也很重要。试验地在区划前,应该按试验要求施用基肥,最好采用分格分量方法施用,以实现均匀施肥。试验地在犁耙时,要求做到犁耕深度一致,耙匀耙平。犁地方向应与将来作为小区长边的方向垂直,使每一重复内各小区的耕作情况一致,因此犁耙工作应延伸到试验区边界外几米,使试验范围内的耕层相似。

2.1.2　预试验

所谓预试验,就是在正式试验之前先做一个试验,这样可为试验的进一步进行摸索条件,也可检验试验设计的科学性与可行性,以免由于设计不周、盲目开展试验而造成人力、物力、

财力的浪费。因此,预试验也必须与正式试验一样认真进行。

通过预备试验,可检验出材料准备是否成功;仪器用具是否齐备及能否正常使用;化学试剂的配制是否符合试验要求,等等。同时,也能检验试验的方法和步骤是否正确、简明,是否符合试验设计的要求。

通过预备试验,可较好地控制无关变量。在试验过程中,控制无关变量很重要,如果控制不好或者不控制无关变量,就不能得出因变量与自变量之间的必然联系。例如,探索生长素类似物促进插条生根的最适宜浓度试验中,要研究的是不同浓度药液对插条生根的影响,自变量是生长素类似物的浓度,但其中有许多无关变量都会对试验结果造成明显的影响。例如,处理插条的方法(溶液浸泡法、沾蘸法);处理插条时间的长短(1小时、1天、1星期);同一组试验所用的植物材料(选一年生枝条还是选二年生枝条;怎样选,选择的依据是什么);经生长素类似物处理之后的插条的培养,培养基的选择(土培法、沙培法、溶液培养方法,哪种方法更方便结果的统计);结果统计的方法(统计根的长度还是根的数目;隔三天统计一次还是隔五天统计一次),等等。要准确地控制好这些无关变量,试验前不仅要预试验,而且要经过多次预试验才能把握准确。

【相关链接】>>>

预实验在实验准备中的作用

预实验是指在进行实验教学或科学研究时,经常需要在正式实验前先做一次实验,简称预实验。预实验对实验教学工作意义重大,以下有几点心得:

(1)细致多想,充分准备

细致多想是指在进行预实验时,对所准备的实验进行反复多次的认真思考。正式的实验教学就是要把预实验所使用的器械、药品、试剂一一罗列出来,进行充分的准备。这需要了解实验目的与实验方法,细致解读实验步骤,详细列表,以避免在正式的实验教学过程中出现仪器没有调试好、材料不合适以及结果不理想等情况。例如,形态学实验"小鼠腹水肝癌淋巴道转移实验研究",对小鼠的固定要用到苯板,按照以往的经验只要是苯板即可,但是在做预实验过程中,找到的苯板又薄又疏松,无法固定小鼠,于是在正式实验时及时更换了材料。看似一个小细节,如果没有做过预实验,只是按照经验,必然在正式实验教学过程中引起秩序混乱,影响实验教学效果。经验论、纸上谈兵在实际工作中是行不通的。

(2)反复多做,保证结果

反复多做是指在进行预实验时,如果对实验的结果不是很满意,或者与规定的实验结果不相符,应积极、主动地查找原因,反复实验,保证实验结果的准确性,而不应该把无现象说成有现象,把错误现象说成正确现象。例如,"小鼠腹水肝癌淋巴道转移实验研究"这个实验,淋巴结并不是每次都有肿瘤转移,这就需要反复多做,由于肿瘤细胞的接种量并不是一成不变的,它可以随着接种部位、小鼠的生理情况以及气温的变化而变化,因此,看似与以往一样的过程,也需要通过预实验反复摸索,确保实验效果,保证实验教学优质完成。

(3)积极多学,努力提高

所谓多学,就是指以实践学习为主,加强理论知识的学习。提高技术水平,熟练掌握各个学科的知识,融会贯通,提高自己的综合业务素质是非常必要的。

（4）善于反思，及时总结

失败并不可怕，关键是要善于思考，及时总结，将自己的经验与体会记录下来，与大家分享成果、交流经验、共同提高。实验准备是脑力劳动和体力劳动的结合，是实验技术和基本理论的结合。只有在实验准备过程中不断积累、创新、总结经验，才能不断提高自己的业务能力，从而促进教学质量的提高。

总之，在思想上要重视实验准备工作，而预实验在实验教学过程中是一堂实验教学课成功与否的关键。因此，应切实做好预实验，为提高实验教学质量作出努力。

反思与练习

1. 试验的准备主要做些什么工作？注意事项分别是什么？
2. 预实验的定义、作用和好处是什么？

任务 2.2　试验计划的制订

试验计划不仅是试验实施的依据，更是试验成败的关键，必须慎重考虑，认真制订，保证试验任务的完成。为了使试验计划制订得更加科学合理，应让每个参加试验的人员都参与试验计划的拟订，充分讨论，提出各自的意见，经修改后形成文字计划。这样可使每位参加试验的人员较为深刻地理解试验目的、要求和方法。计划确定后，每个参加试验的人员都应按计划执行，不得私自随意更改。如果在执行过程中发现计划有问题，或由于试验条件变化原计划有不适应的地方，也必须经过大家讨论后才能修改。

2.2.1　试验计划的主要内容

一般试验计划的内容包括项目如下：

1）试验名称

试验名称（题目）要求能精炼地概括试验内容，包括试验对象名称、试验因素和主要指标，有时也可在试验名称中反映出试验的时间、负责试验的单位与地点。例如，"水酶法从菜籽中提取油及水解蛋白的研究""超临界 CO_2 流体萃取杏仁油工艺研究""马铃薯 3414 肥效试验""不同培养料对平菇产量和品质的影响""陕西省 2013 年玉米品种区域试验"等。

2）试验目的意义

试验目的要明确，一般应包括以下 3 个方面内容：

①说明为什么要进行本试验。可从生产上存在的最主要问题等方面出发，提出你对解决存在问题的建议措施。

②试验的理论依据。从理论上简要分析你的试验对问题解决的可行性。

③别人的同类试验成果。增加别人对你的试验特点的了解，以突出自己试验的特点。

3）试验基本条件

试验的基本条件是为了更好地反映试验的代表性和可行性。室外试验的基本条件包括

试验的地点、供试材料、土壤类型及土壤肥力状况、试验地的地形地势、前茬作物、排灌条件等内容;室内试验的基本条件主要应阐述实验室环境控制、供试材料情况及有关仪器设备是否能满足试验指标的分析测定。

4)试验方案

试验方案是围绕试验目的要求,经过精密考虑、仔细讨论后被提出来的,在试验计划中要写得清楚、具有可操作性。一般应说明试验因素、水平、处理的数量及名称,对照的设置情况,明确试验的指标及观察测定方法等。

5)试验方法或试验设计

主要叙述采用的试验设计方法,试验单元的大小、重复次数、重复(区组)的排列方式等内容。室外试验的试验单元设计包括小区的长、宽和面积,几行区(即每个小区种植多少行);室内试验的试验单元设计主要写明每个单元包含多少个培养皿(或试管、袋子、三角瓶、盆等),每个培养皿的苗数(种子数、组织数等)等。

6)试验管理措施

简要介绍对试剂和材料的培养或处理措施。在室外试验中,介绍供试作物的主要栽培管理措施,包括整地要求、播种规格、育秧(苗)方式、移栽时期、各主要生育时期的肥水管理(施肥方式、种类、数量)及其他农艺措施(中耕次数及时期)。对食品检测等方面的室内试验主要介绍样品的准备、样品处理措施、检测方法要求等方面。

7)试验结果观察记载和数据分析测定

观察记载、分析测定是积累试验资料、建立试验档案的主要手段,也是整个试验中很重要、很琐碎、又很容易在细节上出现问题的一项工作。观察记载、分析测定项目设置是否全面直接影响到今后对试验结果的分析是否合理、准确、完整、系统,因此要尽可能详细地观察所有对试验有影响的环境条件及试验过程中出现的各种情况。

8)试验资料的统计方法和要求

试验资料的统计分析方法一定要与试验设计方案相匹配,且不可玩数学游戏。如随机区组设计、拉丁方设计、裂区设计等试验资料采用方差分析比较好,而正交设计采用方差分析就不是很理想。

9)试验进度安排和试验经费预算

试验进度安排说明试验的起止时间和各阶段工作任务安排。经费预算要在不影响课题完成的前提下,充分利用现有设备,节约各种物资材料。如果必须增添设备、人力、材料,应当将需要开支项目的名称、数量、单价、预算金额等详细地写在试验计划上(若开支项目太多,最好能列表),以便早作准备如期解决,防止影响试验的顺利进行。

10)写明项目负责人、执行人等相关人员

写明试验主持人(课题负责人)、执行人(课题成员)的姓名和单位(部门)等。

11)附件

附件主要是便于自己今后实施的需要,包括绘制试验环境规划图(或田间种植图)、制作观察记载表等。田间种植图上应详细记下重复的位置、小区面积、形状、走道、保护行设置等,以便日后实施时查对。

【相关链接】>>>

试验设计的作用

正确的试验设计在试验研究中所起的作用主要体现在以下6个方面：

①可分析清楚试验因素对试验指标影响的大小顺序，找出主要因素，抓住主要矛盾。

②可了解试验因素对试验指标影响的规律性，即每个因素的水平改变时，指标是怎样变化的。

③可了解试验因素之间相互影响的情况。

④可较快地找出优化的生产条件或工艺条件，确定优化方案。

⑤可正确估计、预测和有效控制、降低试验误差，从而提高试验的精度。

⑥通过对试验结果的分析，可明确为寻找更优生产条件或工艺条件、深入揭示事物内在规律而进一步研究的方向。

2.2.2　试验计划的编制

一份试验计划一般包括以上各项主要内容，但在编制计划时，还需要根据实际情况灵活增减。例如，有些试验所用方法比较特殊，应在试验计划中加以特别说明；有些试验还包括一些辅助性试验，如预试验、盆栽试验等，应在计划中列出有关项目；有些试验不只在一个地方进行，应在计划中列出各个试验点的基本情况。为保证试验顺利进行，各项规定都应写在计划上，但也要分清主次，简明扼要，条理清晰，不可啰唆繁杂。

案例2.1　樱桃乳酸菌饮料配方的优化试验计划

樱桃乳酸菌饮料配方的优化试验

1）试验目的意义

樱桃又名楔荆桃、车厘子等，是某些李属类植物的统称，包括樱桃亚属、酸樱桃亚属、桂樱亚属等。果实可作为水果食用，色泽鲜艳、晶莹美丽、红如玛瑙、黄如凝脂，营养特别丰富，果实富含糖、蛋白质、维生素及钙、铁、磷、钾等多种元素。陕西省是中国樱桃的主要产地之一，常栽的著名品种有大鹰嘴、杏黄桃、黄金桃、银红桃等。其特点为成熟早，果核内无仁、含糖量高。大鹰嘴又名"大鹰紫甘桃"，是陕西省樱桃的主要栽培品种。其色泽紫红，果实为心脏形，单果重1.7 g，果肉淡黄，肉厚汁多，味道甜香，果汁内含可溶性固形物为22.2%。此果于4月底成熟，是优良生食品种。金红樱桃是陕西樱桃中又一个有名的品种。这个品种具有适应性强，产量高，色泽鲜艳，汁液较少，含糖量高的特点。

但由于樱桃独特的生理组织结构，决定了其是最不耐储藏的果品之一，每年因腐烂变质而造成的损失占总产量的20%以上，不利于樱桃产业的持续发展。为充分开发这一有利资源以及繁荣乳品市场，同时提高农产品的附加值，本试验以樱桃和鲜乳为主要原料混合调配乳酸菌饮料，具有特殊的营养功效，使产品更易消化吸收，是符合现代大众营养需求的绿色保健饮品。同时解决了樱桃上市集中、不耐储藏、腐烂变质损失大的问题，提高了樱桃生产的经济效益，增加了果农的收益。

2）试验基本情况

（1）试验地点

试验在陕西省杨凌区×××食品公司和杨凌职业技术学院乳品实验室进行。

（2）供试材料

鲜樱桃（购于本地农贸市场），脱脂奶粉，保加利亚杆菌，嗜热链球菌，白砂糖，果胶酶，稳定剂，柠檬酸等。

（3）仪器设备

打浆机、过滤机、发酵罐、电子天平、均质机、杀菌锅及可调电炉等。

（4）试验时间

2010年3月—10月。

3）试验设计

（1）稳定剂种类选择试验

乳酸菌饮料中既有蛋白质微粒形成的悬浮液，又有脂肪形成的乳浊液，还有由糖和添加剂形成的真溶液，是一种不稳定的多相体系。为解决这一问题，生产中最简便的方法是加入稳定剂。最常使用的稳定剂是纯果胶与其他稳定剂的复合物。在本实验中，选用果胶与其他稳定剂组成复合稳定剂，对于稳定效果的判定，主要从饮料的混浊度、分层情况、色泽是否发生变化、口感是否粗糙等方面进行鉴定。

试验采用单因素、5水平、3次重复的完全随机试验设计。稳定剂5个水平为果胶＋CMC、果胶＋PGA、果胶＋琼脂、果胶＋黄原胶、果胶＋海藻酸钠。各水平均采用1:1配方，各组分统一按0.15%添加。3次重复，15个试验单元，完全随机排列，在相同条件下，处理相同时间，按感官指标统一鉴定，选出最佳稳定剂。

（2）最佳配方选择试验

试验采用$L_{16}(4^5)$正交试验设计，以樱桃汁的添加量、发酵乳的添加量、糖的添加量、pH值（柠檬酸调酸）、稳定剂的添加量等为主要研究因素，各因素依据以往试验结果划分4个水平，共16个处理（配方），以感官评分为指标。各因素水平设计见表2.1，试验方案见表2.2。

表2.1　樱桃乳酸菌饮料配方的因素水平表

水平编号	因素				
	樱桃汁的添加量/%	发酵乳的添加量/%	糖的添加量/%	pH值	稳定剂的添加量/%
1	6	20	6	3.9	0.2
2	8	30	7	4.0	0.3
3	10	40	8	4.1	0.4
4	12	50	9	4.2	0.5

4）试验方法及主要管理措施

（1）工艺流程

工艺流程为：樱桃→预处理→打浆→过滤→鲜乳→验收→净化→杀菌→接种→发酵→调配→均质→杀菌→灌装→成品。

表 2.2 樱桃乳酸菌饮料配方的优化试验方案

处理号	因 素				
	樱桃汁的添加量	发酵乳的添加量	糖的添加量	pH 值	稳定剂的添加量
1	1	1	1	1	1
2	1	2	2	2	2
3	1	3	3	3	3
4	1	4	4	4	4
5	2	1	2	3	4
6	2	2	1	4	3
7	2	3	4	1	2
8	2	4	3	2	1
9	3	1	3	4	2
10	3	2	4	3	1
11	3	3	1	2	4
12	3	4	2	1	3
13	4	1	4	2	3
14	4	2	3	1	4
15	4	3	2	4	1
16	4	4	1	3	2

（2）主要工艺要求

①樱桃的预处理、打浆、过滤

将樱桃挑选、去皮,在 100 ℃条件下烫漂 5 ~ 6 min,钝化酶活性,冷却至 30 ℃,添加 0.15%果胶酶,再在 55 ℃条件下恒温 2 h,促进花青素色素的浸出和果胶水解。用打浆机打浆后过滤,备用。

②鲜乳的验收、净化

按国家规定项目进行感官检验、理化检验、微生物检验,特别要求无抗生素,然后进行净化处理。

③杀菌、冷却

将处理后的鲜乳,在 90 ℃条件下杀菌 10 min 并快速冷却到 42 ℃,准备接种。

④接种、发酵

将保加利亚杆菌与嗜热链球菌按 1:1 混合,制备成生产发酵剂,添加量为 3%,接种到发酵罐中,在 42 ~ 43 ℃条件下培养 10 h,使酸度达 1.5% ~ 2.0%（乳酸度）即可取出,冷却到 20 ℃,备用。

⑤乳酸菌饮料调配、均质

将备用的樱桃汁和发酵乳按一定比例混合后,加入经过过滤的糖溶液、稳定剂、水,用柠

檬酸调酸至 pH 值为 3.8 ~ 4.2;先预热到 50 ~ 55 ℃,压力为 20 ~ 22.5 MPa 进行均质。

⑥杀菌、灌装

均质结束后,在 95 ℃条件下杀菌 5 min,冷却到 20 ℃灌装。

5)观察记载项目

在试验过程中,记载工艺流程中的温度、压强、pH 值、处理时间和各种试剂名称及添加量。在稳定剂种类选择试验中,主要从饮料的混浊度、分层情况、色泽是否发生变化、口感是否粗糙等方面进行鉴定。在饮料保存 4 周后,组织多名学生进行鉴定,填写鉴定报告单。在樱桃乳酸菌饮料配方的优化试验中,以感官评分为指标(以 100 分计)来确定饮料的最佳配方。感官评分标准见表2.3。

表 2.3　樱桃乳酸菌饮料感官评分标准(100 分)

项　　目	标准分数	项　　目	标准分数
色泽	10 分	组织状态	20 分
香味	30 分	滋味	40 分

6)进度安排及经费预算

试验于 2010 年 3 月开始,至 2010 年 10 月结束。需试验经费 2 230 元,其中,试剂材料费 1 200 元,设备租费 450 元,水电费 300 元,劳务等费用 280 元。

试验负责人:×××

试验执行人:×××、×××、×××

反思与练习

1. 一般试验计划的内容包括哪些?
2. 试验计划编制的注意事项是什么?

任务 2.3　试验结果的观察和数据收集

试验研究的目的就是运用试验结果来指导和发展实际生产。对试验指标的观察记载是分析试验结果的主要依据。因此,为了全面准确地分析试验结果,就要在试验过程中进行详细的观察、记载以及试验数据测定的收集。

2.3.1　资料的分类

在试验中,所要观察记载的试验指标有些可量化测定,有些则难以量化测定。为了科学合理地收集试验资料,必须清楚所观察记载的试验资料的性质。一般在调查或试验中,由观察、测量所得的数据按其性质的不同,一般可以分为连续性资料、间断性资料和分类资料。

1) 连续性资料

连续性资料是指能够用测量手段得到的数量资料,即用度、量、衡等计量工具直接测定的数量资料。其数值特点是各个观测值不一定是整数,两个相邻的整数间可有带小数的任何数值出现,其小数位数的多少由测量工具的精度而定,它们之间的变化是连续性的。因此,这类资料也称为连续性资料。常见的连续性资料有食品中各种营养素的含量、袋装食品中食品质量的多少、动植物的生理生化指标等。连续性资料一般也称为计量资料。

2) 间断性资料

间断性资料是指用计数方式得到的数据资料。在这类资料中,它的各个观察值只能以整数表示,在两个相邻整数间不得有任何带小数的数值出现。例如,一箱饮料的瓶数、一箱水果的个数、单位容积内细菌数、小麦穗粒数、鸡的产蛋数、鱼的尾数、小麦分蘖数等,这些观察值只能以整数来表示,观察值是不连续的,因此该类资料也称为不连续性变异资料或计数资料。

3) 分类资料

分类资料是指可自然或人为地分为两个或多个不同类别的资料。有些是只能通过观察、触摸和嗅觉获得有关信息而不能直接测量的性状指标,如食品的颜色、动物的性别、动植物的生死、果实表面是否有绒毛等。这类性状本身不能直接用数值表示,要获得这类性状的数据资料,须对其观察结果作数量化处理,其方法有以下两种:

(1) 统计次数法

在一定的总体或样本中,根据某一性状的类别统计其个体数,以次数作为性状的数据。例如,某种食品包装的合格数与不合格数、苹果果实的着色程度、某种植物的开花颜色等。这种数据资料又称次数资料,或称属性资料。

(2) 评分法

将观察单位按所考察的性状或指标的等级顺序分组,然后清点各组观察单位的次数而得到的资料。如某种水果的褐变程度是视果实变色的面积将其分为 3 或 4 个级别,然后统计各级别的果数。这类资料有次数资料的特点,又有程度和量的不同,故又称为半定量资料或等级资料。

不同类型的资料相互间是有区别的,但有时可根据研究的目的和统计方法的要求将一种类型的资料转化为另一类型的资料。例如,出厂的熟香肠其细菌总数为计数资料,若以细菌总数合格与细菌总数不合格分组,清点次数,计数资料就转化为分类资料。

2.3.2 试验资料的收集

在试验资料收集过程中,除对试验方案要求的试验指标进行正确测定量化外,还应对与试验结果分析有关的所有情况进行观察记载。

1) 数据资料的来源

(1) 生产记录

在实际生产过程中,原料的来源、品种和批次,每次投料的数量和比例,加工过程中温度的高低和维持的时间长短,产品储存的温度、湿度及时间等,这些均需认真地进行记录,并以产品生产档案归档。这些资料以数据资料的形式记载,为改进产品质量和新产品的开发及产品保质研究提供第一手资料。

（2）抽样检验

在实际生产中，往往第一步应对所用原料的重要成分和外观性状进行抽样检验，分析所得的数据资料用以对该批原料进行评估，以调整工艺、配方及保存时间，保证产品质量的稳定性。

（3）试验研究

在新产品的规模生产和新鲜农副产品的商业性储藏之前，一般要经过试验研究阶段。在该阶段须按照新工艺的设计方案进行试验，并取得试验数据。如各种原辅料的比例，热处理的温度和时间，果实在不同储藏条件下的硬度、可溶性固形物、各种有关酶类活性的变化等。通过对所得数据资料的分析，最后判定新产品的工艺是否成功，能否推向规模化生产。

2）样品的采集

（1）采样的基本原则

在实际工作中，往往不可能对要分析检测的总体进行全面研究，只能从中抽取一部分作为代表来分析研究，这部分被抽取出来作为代表的分析材料称为样品。抽取这些具有代表性分析材料的操作称为样品采集，简称采样。按照样品的采集过程依次得到检样、原始样品和平均样品。由总体（组批或货批）中所抽取的少量样品称为检样；质量相同的多份检样品混合在一起称为原始样品；原始样品按照规定方法处理后，均匀地分出一部分，称为平均样品。平均样品一般分成 3 份：一份用于全部项目的检验，称为检验样品；另一份用于在对检验结果有争议或分歧时作复检用，称为复检样品；剩余一份作为保留样品，需封存保留一段时间，以备有争议时再作验证，但易变质样品不作保留。

正确采样必须遵循以下原则：

①采集的样品必须具有代表性，要能充分反映待研究总体的组成、质量等各方面特性。若采集的样品缺乏代表性，无论其后的研究分析和环节多么精确，其结果都难以反映总体的情况，常导致错误的结论。

②采集的样品必须具有真实性。采样人员应亲临现场采样，以防止在采样过程中作假或伪造样品。从样品的采集至送达实验室的整个过程不得有任何破坏、污染和变质，确保样品的真实性。

③采集的样品必须具有准确性。性质不同的样品必须分开包装，并应视为来自不同的总体；采样方法应符合要求，采样的数量应满足检验及留样的需要；采样记录务必清楚地填写在采样单上，并紧附于样品上。

④采集的样品必须具有及时性。采样应及时，采样后也应及时送检。尤其是对样品中水分、微生物等易受环境因素影响的成分，以及样品中含有挥发性物质或易分解破坏的物质进行分析研究时，应及时采样并尽可能缩短从采样到送检的时间。

为了使采集的样品最大限度地接近总体，保证样品对总体的充分代表性，采样时必须注意产品的生产日期、批号和均匀性，让处于不同方位、不同层次的产品有均等的被采集机会，使样品个体大小的构成比例和成熟的比例与总体的构成比例一致，即采样时不要带有选择性，不能只选择大的、成熟的或只采集小的、差的。

（2）采样的方法

样品的采集方法一般分为随机抽样和代表性取样两种。随机抽样是按照随机原则从大批物料中抽取部分样品，抽样时，应使所有物料的各个部分都有被抽到的机会。代表性取样是用系统抽样法进行采样，根据物料空间位置和时间变化而变化的规律，采集能代表其相应部分的组成和质量的样品，如分层取样、随生产过程的流动定时采样、按组批取样、定期定位取样等。随机取样可避免人为倾向，但是对不均匀样品，只用随机取样是不够的，必须结合有代表性取样，从有代表性的各个部分分别取样，才能保证样品的代表性。

下面以食品质量检测时采样为例简要说明采样的方法。

①能均匀分散的固体食品的采样

A. 有包装的食品

对有包装的食品，取样数为

$$S^2 = \frac{n}{2} \tag{2.1}$$

式中　S——采样量（件、包等）；

　　　n——待检批产品的总量（件、包等）。

按式（2.1）确定采样件数，并由此确定食品堆放的不同部位具体的采样件数，取出选定的大包装，用采样工具在每一包装的上、中、下 3 层取出 3 份样，混合成原始样品。用"四分法"将原始样品缩分成平均样品。"四分法"具体操作如下：先将采得的原始样品充分混匀，在清洁的玻璃板或塑料布上，压平成厚度为 3 cm 以下的矩形，按对角线画十字线把样品分成 4 等份，取出相对的两份再混匀，继续此操作，直至缩小到所需采样数量为止。

对罐头、袋装或听装奶粉、瓶装饮料等小包装食品，一般按班次或批号随机取样，同一批号取样件数为：250 g 以上的包装不得少于 6 个，250 g 以下的包装不得少于 10 个。如果小包装外还有大包装（纸箱等），可在堆放的不同部位抽取一定数量的大包装，打开大包装，从每个大包装中抽取小包装，再缩减到所需采样数量。

B. 无包装的散装粒状食品

对无包装的散装粒状食品，先划分若干等体积层，然后在每层的四角和中心各取一定数量样品，再用"四分法"进行缩分，直至所需采样量。

②黏稠的半固体食品

对奶油、动物油脂、果酱等不易充分混匀的食品，先按式（2.1）确定的采样量开启包装，用采样器从中分层（一般分上、中、下 3 层）分别取出检样，混合均匀后再缩分，直至所需数量的平均样品。

③液体食品

对于植物油、鲜奶等液体食品，若包装体积不太大，可先按式（2.1）确定采样件数，开启包装，充分混匀后，分别取出所需样品。若包装体积较大，或散装（池）食品，可用虹吸法分层（大池还应分四角及中心 5 点）取样，每层取 500 mL 左右，充分混匀后取出所需样品。

④组成不均匀的固体食品

对肉、鱼、果品、蔬菜等各部位极不均匀、个体大小及成熟程度差异较大的食品，取样时更应注意代表性，可按下述方法取样：

A. 肉类和水产品

这类食品应按分析项目的要求,分别采取不同部位的样品,或从不同部位取样,混合后代表该只动物或从一只或几只动物的同一部位取样,混合后代表某一部位的情况。对小鱼、小虾等可随机取多个样品,切碎混匀后,缩减至所需采样数量。

B. 果蔬

个体较小的(如葡萄、山楂等),随机取若干个整体,切碎混匀,缩减到所需采样数量;个体较大的(如西瓜、苹果、大白菜等),可按成熟度及个体大小的组成比例,选取若干个体,对每个个体按生长轴线剖分为 4 或 8 份,取对角两份,切碎混匀,缩减至所需采样数量。采样数量的多少应考虑分析项目、分析方法、被检物的均匀程度等因素。一般每个食品样品采集 1.5 kg,将采得的样品分为 3 份,分别供检验、复查和备查用。

(3)采样应注意事项

样品的采集过程中应注意以下事项:

①一切采样工具,如采样器、容器、包装纸等都应清洁,不应将任何有害物质带入样品。例如,进行 3,4-苯并芘测定,不能用石蜡封样品瓶口或用蜡纸包,因为有的石蜡含有 3,4-苯并芘;测 Zn 的样品不能用含 Zn 的橡皮膏封口;供微生物检验用的样品,应严格遵守无菌操作规程。

②保持样品原有微生物状况和理化指标,进行检验分析之前不得污染,不得变化。例如,进行黄曲霉毒素 B_1 测定的样品,要避免紫外光分解黄曲霉毒素 B_1。

③感官性质不同的样品,不可混在一起,应分别包装,并注明其性质。

④样品采集后,应迅速送往实验室进行分析检验,以免发生变化。

⑤盛装样品的器具上要贴上标签,注明样品名称、采样地点、采样日期、样品批号、采样方法、采样数量、采样人及分析检验项目等。

⑥采样过程中要注意现场观察。

3)试验资料的记录

认真细致做好试验原始记录是正确分析试验结果的前提和依据。要做好试验记录应做到以下 6 点:

①必须真实、齐全、清楚,记录方式应简单明了,可设计成一定的表格,内容包括样品来源、名称、编号、采样地点、样品处理方式、包装及保管状况、检验分析项目、采用的分析方法、分析检验日期、所用试剂的名称与浓度、称量记录、滴定记录、计算记录、计算结果等。表 2.4 是食品质量检测某项目试验原始记录表。

②原始记录本应统一编号、专用,用钢笔或圆珠笔填写,不得任意涂改、撕页、散失,有效数字的位数应按分析方法的规定填写。

③修改错误数字时不得涂改,而应在原数字上画一条横线表示消除,并由修改人签注。

④确知在操作过程中存在错误的检验数据,不论结果好坏,都必须舍去,并在备注栏中注明原因。

⑤原始记录应统一管理,归档保存,以备查验。

⑥原始记录未经批准,不得随意向外提供。

表 2.4　某试验原始记录示例表

项　目	编　号		
日　期			
样　品	批　号		
方　法			
试验次数	1	2	3
样品质量/g			
滴定管初读数/mL			
滴定管终读数/mL			
消耗滴定试剂的体积/mL			
滴定剂的浓度/(mol·L^{-1})			
计算公式			
被测成分质量分数/%			
平均值			
备　注			

2.3.3　室外试验资料的收集

下面以田间试验为例说明室外试验资料的收集。

1)试验的田间观察

为了对田间试验结果进行全面解释,除了获得产量结果及相关考种结果外,必须在作物生长期进行相关项目的观察记载和测定。田间试验的观察记载在作物生长发育过程中根据试验目的和要求进行系统的、正确的观察记载,掌握丰富的第一手材料,为得出规律性的认识提供依据。因试验目的不同,观察记载项目也有差异,田间试验常见观察记载项目有以下几个方面:

(1)气候条件的观察记载

正确记载气候条件,注意作物生长动态,研究两者之间的关系,可以进一步探明作物产量、品质变化的原因,得出正确的结论。一般观察记载的气象资料如下:

①温度资料,包括日平均气温、月平均气温、活动积温、最高和最低气温等。

②光照资料,包括日照时数、晴天日数、日照强度等资料。

③降水资料,包括降水量及其分布、下雨天数、蒸发量等。

④灾害性天气,如旱、涝、风、雹、雪、冰等。

气象资料可在试验田内定点观测,也可利用当地气象部门的观测结果进行分析。

(2)试验地资料的观察记载

试验地一般需观察记载试验地的地形、土壤类型、土层深度、地下水位、排灌条件、前茬作物种类及产量、土壤养分含量(一般为氮、磷、钾)、土壤 pH 值、土壤有机质、土壤含盐量等。

（3）田间农事操作的记载

任何田间管理和其他农事操作都在不同程度上改变作物生长发育的外界条件,因而也会引起作物的相应变化。因此,应详细记载试验过程中的农事操作,如整地、施肥、播种、灌排水、中耕除草、防治病虫害等,将每一项操作的日期、方法、数量等记录下来,有助于正确分析试验结果。

（4）作物生育动态的观察记载

作物生育动态的观察记载是田间试验观察记载的主要内容。因此在试验过程中,要观察作物的各个物候期(或生育期)、形态特征、生物学特性、生长动态等,有时还要作一些生理、生化方面的测定,以研究不同处理对作物内部物质变化的影响。

（5）主要经济性状的观察记载

有时为了进一步对作物产量的形成进行分析,常需对作物的主要经济性状进行观察记载。其观察记载的主要内容如下:

①主要形态特征,如小麦的分蘖数、叶片数、叶相等;棉花的棉铃数、棉铃大小、棉纤维长度等。

②与成熟及产量形成有关的性状,如甘蓝的结球率、抽薹率、单株重、单球重等;小麦的穗粒数、单位面积穗数、千粒重等。

田间试验的观察记载必须有专人负责,要注意:一要有代表性,一般采用随机原则进行抽样;二要有统一标准,以便进行比较;三要观察记载及时且不能间断,以保证资料的完整性;四要严肃认真,避免差错而影响资料的准确性。

2）田间试验的抽样

田间调查记载有些是以小区为单位进行观察记载的,如果将整个小区的所有植株都进行调查,时间和人力都是不允许的,必须采用取样的方法进行。调查小区中有代表性的植株,这些植株称为样本,采取样本的地点称为取样点。确定取样点的方法很多,一般用顺序取样法、典型取样法和随机取样法。

（1）顺序取样法

顺序取样法又称机械抽样或系统抽样,是按照某种既定的顺序抽取一定数量的抽样单位组成样本。例如,先将所有总体单位进行编号,每隔一定距离依次抽取。田间常用的对角线式、棋盘式、分行式、平行线式、蛇形式、Z字形等(见图2.1)都属于顺序抽样一类。

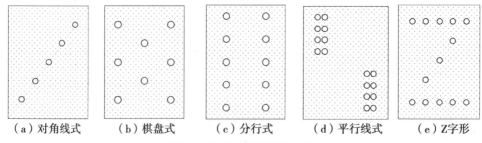

|（a）对角线式|（b）棋盘式|（c）分行式|（d）平行线式|（e）Z字形|

图2.1　常用的顺序抽样方式

（2）典型取样法

典型取样法也称代表性取样,按调查研究目的从总体内有意识地选取一定数量有代表性的抽样单位。例如,小麦田间测产时,如果全田块生长起伏较大,可在目测基础上,选择有代表性的几个地段上取点测产。

(3)随机取样法

随机取样法也称等概率抽样,在抽取样本时,总体内各单位均有同等机会被抽取。简单随机取样法是先将总体内各单位进行编号,然后用抽签法、随机数字法抽取所需数量的抽样单位组成样本。除了简单随机取样法外,随机取样方法还有一系列衍生方法,如分层取样法、整群取样法、多级取样法等。

在田间试验过程中有些性状资料需进行室内测定,如土壤养分、植株养分、植物的某些生理生化性状等都需在室内进行测定。取样测定的要点如下:

①取样方法要合理,保证样本有代表性。

②样本容量适当,保证分析测定结果的精确性。

③分析测定方法要标准化,所需仪器要经过标定,药品要符合纯度要求,操作要规范化。

3)试验产量的测定及室内考种

(1)收获及脱粒

收获是田间试验数据收集的关键环节,必须严格把关,要及时、细致、准确,尽量避免差错。收获前要先准备好收获、脱粒用的材料和工具,如绳索、标牌、编织袋或网袋、脱粒机、晒场等。

收获试验小区之前,如保护行已成熟,可先行收割。为了减少边际效应与生长竞争,设计时预定要割去小区边行及两端一定长度的,则也应照计划先行收割。查对无误后,先将以上两项收割物运走。然后在小区中按计划随机采取作为室内考种或其他测定所用植株样本挂上标牌,写明处理重复号,并进行校对,以免运输脱粒时发生差错,此项工作应在计产收获前一天进行。最后收获计产部分,采取单收单放,挂上标牌,严防混杂。

收获完毕后应严格按小区分区脱粒,分别晒干后称重,还应将作为考种、测定等取样的那部分产量加到各有关小区,以求得小区实际产量。若为品种试验,则每一品种脱粒完毕后,必须仔细清扫脱粒机及容器,避免品种间的机械混杂。

为使收获工作顺利进行,避免发生差错,在收获、运输、脱粒、晾晒、储藏等工作中,必须专人负责,建立验收制度,随时检查核对。

有时为使小区产量能相互比较或与类似试验的产量比较,最好能将小区产量折算成标准湿度下的产量。折算公式为

$$标准湿度产量 = \frac{小区实际产量 \times (100 - 收获的湿度)}{100 - 标准湿度}$$

(2)考种

考种是将取回的考种样本进行植物形态的观察、产量结构因子的调查,或收获物重要品质的鉴定的方法。考种的具体项目可因作物种类不同、试验任务不同而作不同选择。例如,玉米可考察穗长、穗粗、穗粒数、千粒重、穗行数、秃尖等指标;黄瓜可考察单株结瓜数、单株产量、单瓜重、瓜长、瓜粗、瓜把长等指标;苹果则可考察果色、单果重、硬度、一级果或二级果比率、座果率等指标。

考种结果的正确与否,主要取决于两方面:一是要认真仔细测量数据,力求准确;二是要合理取样,提高样本的代表性。

田间试验观察记载

在作物生育期进行准确而及时的观察记载是掌握试验处理客观规律的重要手段。观察记载必须做到细致准确。第一,观察和测定的项目必须有统一的标准和方法,如目前尚无统一的标准和方法,则应根据试验的要求制订标准,以便遵照执行。第二,同一个试验的一项观察记载工作应由同一位工作人员完成。不宜中途换人,以免造成系统误差。不同处理的观察记载工作也应在一天内完成,否则会失去可比性。第三,有重复的试验,观察记载一般不应少于两次重复。第四,有些观察记载项目应随机取样调查。

反思与练习

1. 资料的分类是什么?
2. 数据资料的来源是什么?
3. 简述试验资料收集时应注意的问题。
4. 田间试验常见观察记载项目有哪几个方面?
5. 确定取样点的方法有哪些?

任务 2.4　试验资料的整理和初步分析

在对原始资料进行整理、分析之前,首先要对全部资料进行检查与核对,然后再根据资料的类型及研究的目的对资料进行整理和分析。

2.4.1　资料的检查与核对

检查和核对原始资料的目的在于确保原始资料的完整性和正确性。所谓完整性,是指原始资料无遗缺或重复。所谓正确性,是指原始资料的测量和记载无差错或未进行不合理的归并。检查中要特别注意特大、特小和异常数据(可结合专业知识作出判断)。对于有重复、异常或遗漏的资料,应予以删除或补齐;对有错误、相互矛盾的资料应进行更正,必要时进行复查或重新试验。资料的检查与核对工作虽然简单,但在统计处理工作中却是一项非常重要的步骤,因为只有完整、正确的资料,才能真实地反映出调查或试验的客观情况,才能经过统计分析得出正确的结论。

1) 离群值检测

离群值是指在数据中有一个或几个数值与其他数值相比差异较大。生物试验中经常会有出现离群值的情况,究竟是由于随机因素引起的,还是由于某些确定因素造成的,有时难以判断,如果处理不好将会引起较大的试验误差。对离群值的处理有一些统计判断的方法,如Chanwennt 准则规定,如果一个数值偏离观测平均值的概率小于等于 $1/(2n)$,则该数据应当

舍弃(其中 n 为观察次数,概率可根据数据的分布进行估计)。

发现离群值可通过观察值的频数表或直方图来初步判断,也可通过统计软件作观察值的箱式图来判断。如果观测值距箱式图底线 Q_1 (第 25 百分位数)或顶线 Q_3 (第 75 百分位数)过远,如超出箱体高度(四分位数间距)的 2 倍以上,则可视该观测值为离群值。当数据近似正态分布时,有一种较为简单的方法,可用均数加减 $3s$ 来判断,如观测值在此范围以外,可视为离群值。在统计学上也可用线性回归的方法来对离群值进行判断。当出现离群值的时候,要慎重处理,要将专业知识和统计学方法结合起来,首先应认真检查原始数据,看能否从专业上加以合理的解释,如数据存在逻辑错误而原始记录又确实如此,又无法再在找到该观察对象进行核实,则只能将该观测值删除。如果数据间无明显的逻辑错误,则可将离群值删除前后各作一次统计分析,若前后结果不矛盾,则该例观测值可予以保留。

2)缺失数据的弥补

在试验过程中由于意外造成试验数据缺失或试验数据无法测取,不要轻易放弃试验结果分析,当缺失数据不超过总数据的 3%,可通过一定的统计原理,估算出缺失数据,然后再进行统计分析。

(1)随机区组试验缺区数据的估算

随机区组试验缺区数据的估算为

$$X = \frac{kT_t + nT_r - T}{(n-1)(k-1)}$$

式中　X——缺区理论估计值;

　　　n——区组数(或重复数);

　　　k——处理数;

　　　T_t——缺区所在的不包括缺区数值在内的处理总和;

　　　T_r——缺区所在但不包括缺区数值在内的区组总和;

　　　T——缺区除外的全试验数据总和。

(2)裂区试验缺区数据的估算

裂区试验缺区数据的估算为

$$X = \frac{rT_m + bT_t - T}{(b-1)(r-1)}$$

式中　X——缺区理论估计值;

　　　r——区组数(或重复数);

　　　b——副区处理数;

　　　T_m——缺区所在的不包括缺区数值在内的副处理总和;

　　　T_t——缺区所在但不包括缺区数值在内的区组总和;

　　　T——缺区除外的该主区试验数据总和。

裂区试验的每一个主区处理都可比作是一个具有 b 个副区处理、r 次重复的随机区组试验。因此有副区缺失,可按随机区组相同原理来估算。

3)数据转换

大多数试验数据都要进行方差分析,而方差分析是建立在线性可加模型基础上的,因此进行方差分析的数据必须满足 3 个基本假定,即数据资料必须具有可加性、正态性和同质性。

试验所得的各种数据要全部符合上述 3 个假定,往往是不容易的,因而采用方差分析所

得结果,只能认为是近似的结果。对于明显不符合基本假定的试验资料,在进行方差分析之前,一般要针对数据的主要缺陷,采用相应的变数转换,然后用转换后的数据进行方差分析。常用的数据转换方法有以下 3 种:

(1)平方根转换

平方根转换适用于较少发生事件的计数资料,一般这类资料其样本平均数与方差之间有某种比例关系。例如,单位面积上某种昆虫的头数或某种杂草的株数等资料。

平方根转换的方法是求出原始数据 x 的平方根。如果绝大多数原始数据小于 10,并有接近或等于 0 的数据出现,则可用原始数据加 1 再进行求平方根来转换数据。如果绝大多数原始数据大于 10,并有接近或等于 0 的数据出现,则宜用原始数据加 0.5 再进行求平方根来转换数据。

(2)对数转换

对数转换适用于来自对数正态分布总体的试验资料,这类数据表现为非可加性,具有成倍加性或可乘性的特点,同时样本平均数与其极差或标准差成比例关系。例如,环境中某些污染物的分布、植物体内某些微量元素的分布等资料,可用对数转换来改善其正态性。

对数转换的方法是取原始数据的常用对数或自然对数,如果原始数据值较小,有接近或等于 0 的数据出现,可采用原始数据加 1 再进行数据转换。

(3)反正弦转换

反正弦转换适用于百分数资料,这类资料来自于二项分布总体,其方差不符合同质性假定,且当 $p \neq q$ 时其分布是偏的。因此,在理论上如果 $p < 0.3$ 就需作反正弦转换,以获得一个比较一致的方差。例如,种子发芽率、结实率、发病率等资料。

反正弦转换的方法是将百分数的平方根值取反正弦值,也可直接查反正弦转换表得到相应的反正弦值。

2.4.2 试验资料的整理和初步分析

试验或调查研究得到的资料,未经整理之前是杂乱无章的,很难找出其规律。因此对于资料分析处理的第一步是进行整理,把观察值按数值大小或数据类别进行整理,便可看到资料的集中和变异情况,对资料有一个初步的分析认识,也可从中发现一些规律和特点。资料的整理有以下两种常用方法:

1)次数分布表

将观察值按大小或类别进行分组统计次数,编制成表格形式即为次数分布表。次数分布表因资料的类别不同而有差异。

(1)间断性资料的整理

非连续性变数资料的整理,根据资料性质不同可采用单项式分组法或组距式分组法进行整理。

①单项式分组法。单项式分组法是用样本的自然值进行分组,每个组都用一个观察值来表示。现以 100 盒鲜枣每盒检出不合格枣数为例来说明单项式分组法。随机抽取 100 盒鲜枣,计数每盒不合格枣数,其资料见表 2.5。

表 2.5 100 盒鲜枣每盒检出不合格枣数

18	15	17	19	16	15	20	18	19	17
17	18	17	16	18	20	19	17	16	18
17	16	17	19	18	18	17	17	17	18
18	15	16	18	18	18	17	20	19	18
17	19	15	17	17	17	16	17	18	18
18	19	19	17	19	17	18	16	18	17
17	19	16	16	17	17	17	16	17	16
17	19	18	18	19	19	20	15	16	19
18	17	18	10	19	17	18	17	17	16
15	16	18	17	18	16	17	19	19	17

上述资料是间断性(非连续性变数)资料,每盒不合格枣数的变动范围为 15～20,把所有的观察值按每盒不合格枣数多少加以归类,共分 6 组。每一个观察值按其大小归到相应的组内,每增加 1 个画一横道,一般用"正"字表示。用"f"表示每组出现的次数。这样就可得到表 2.6 形式的次数分布表。

表 2.6 100 盒鲜枣每盒检出不合格枣数

每盒不合格枣数	画记号	次数(f)
15	正一	6
16	正正正	15
17	正正正正正正丁	32
18	正正正正正	25
19	正正正丁	17
20	正	5
总次数(n)		100

由表 2.6 可知,一堆杂乱无章的原始数据,经初步整理后,就可看出其大概情况,如每盒不合格枣数以 17 个为最多,以 20,15 个为最少。经过整理的资料也有利于进一步分析。

②组距式分组。有些间断性(非连续性变数)资料,观察值的个数较多,变异幅度也较大,不可能如上例那样按单项式分组法进行整理。例如,研究某番茄品种的每果种子数,共观察200 个果实,每果种子数变异幅度为 27～83 粒,相差 56 粒。这种资料如按单项式分组则组数太多(57 组),其规律性显示不出来。如按组距式分组,每组包含若干个观察值,如以 5 个观察值为一组,则可使组数适当减少。经初步整理后分为 12 组,资料的规律性较明显,见表 2.7。

表 2.7　200 个番茄果实种子数的次数分布表

每果粒数	次数（f）
26 ~ 30	1
31 ~ 35	3
36 ~ 40	10
41 ~ 45	21
46 ~ 50	32
51 ~ 55	41
56 ~ 60	38
61 ~ 65	25
66 ~ 70	16
71 ~ 75	8
76 ~ 80	3
81 ~ 85	2
合　计	200

由表 2.7 可知,约半数番茄果实的每果种子数为 46 ~ 60 粒,大部分番茄的每果种子数为 41 ~ 70 粒,但也有少数番茄的每果种子数少到 26 ~ 30 粒,多到 81 ~ 85 粒。

（2）连续性变数资料的整理

连续性变数资料可采用组距式分组法进行整理。必须先确定组数、组距、组限和组中值,然后按观察值大小进行分组。现以表 2.8 的某黑李品种 100 个果实单果质量资料为例,说明其整理方法。

表 2.8　某黑李品种 100 个果实单果质量/g

70	72	135	148	68	147	90	185	95	93
109	64	58	79	40	118	84	175	99	132
154	100	77	34	68	160	108	87	85	95
123	105	107	55	45	73	109	105	101	132
94	94	62	156	61	84	77	123	135	40
107	79	131	72	66	103	104	141	98	100
90	78	44	50	58	106	76	107	92	101
62	152	97	80	54	98	104	118	30	149
115	136	100	81	130	98	74	25	125	142
76	56	73	43	22	82	117	116	118	139

①求全距。观察值中最大值与最小值的差数即为全距,要确定组数必须先求出全距。也是整个样本变异幅度,一般用 R 表示。由表 2.8 可知,最大的观察值为 185 g,最小值为 22 g,全距为 185 – 22 g = 163 g。

②确定组数和组距。根据全距分为若干组,每组距离相等,组与组之间的距离称为组距。组数和组距是相互决定的,组距小,组数多;反之,组距大,组数少。在整理资料时,既要保持真实面目,又要使资料简化,认识其中的规律。在确定组数时,应考虑观察值个数的多少,极差的大小,是否便于计算,以及能否反映出资料的真实面目等方面。一般样本适宜的分组数见表 2.9。组数确定后,再决定组距,即

$$组距 = \frac{全距}{组数}$$

表 2.8 中某黑李品种 100 个果实单果质量样本容量为 100,假定分为 11 组,则组距应为 163 g/11 = 14.8 g。为方便起见,可用 15 g 作为组距。

表 2.9 不同容量的样本适宜的分组数

样本容量	适宜分组数
50	5 ~ 10
100	8 ~ 16
200	10 ~ 20
300	12 ~ 24
500	15 ~ 30
1000	20 ~ 40

③确定组限和组中值(中点值)。每组应有明确的界限,才能使观察值划入一定的组内,为此必须选定适当的组中值和组限。组中值最好为整数,或与观察值位数相同,便于计算。一般第一组组中值应以接近最小观察值为好,其余的依次而定。这样避免第一组次数过多,不能正确反映资料的规律。组限要明确,最好比原始资料的数字多一位小数,这样可使观察值归组时不致含糊不清。上下限为组中值 ± 1/2 组距。本例第一组组中值定为 20 g,它接近资料中最小的观察值。第二组的组中值为第一组组中值加组距,即 20 g + 15 g = 35 g。第三组为 35 g + 15 g = 50 g,其余以此类推。每组有两个组限,数值小的为下限,大的为上限。本例中第一组的下限为该组组中值减去 1/2 组距,即 20 g - 15 g/2 = 12.5 g,上限为该组组中值加 1/2 组距,即 20 g + 15 g/2 = 27.5 g,因此第一组的组限为 12.5 ~ 27.5 g。第二组和以后各组的组限可以以同样的方法算出。

④原始资料的归类。按原始资料中各个观察值的次序,把逐个数值归于各组。一般用"正"画记数。待全部观察值归组后,即可求出各组次数,制成次数分布表,如本例将表 2.8 资料整理后制成表 2.10。

(3)分类资料的整理

分类资料可用类似次数分布的方法来整理,整理前把资料按各种类别或等级进行分类。分类数等于组数,然后根据各个体的具体表现分别归入相应的组中,即可得到此类资料分布的规律性认识。

表 2.10　某黑李品种 100 个果实单果质量的次数分布表

组　　限	组中值	画记号数	次　　数
12.5 ~ 27.5	20	丁	2
27.5 ~ 42.5	55	正	4
42.5 ~ 57.5	50	正丁	7
57.5 ~ 72.5	65	正正丁	12
72.5 ~ 87.5	80	正正正一	16
87.5 ~ 102.5	95	正正正正	19
102.5 ~ 117.5	110	正正正	15
117.5 ~ 132.5	125	正正	10
132.5 ~ 147.5	140	正丁	7
147.5 ~ 162.5	155	正一	6
162.5 ~ 177.5	170	一	1
177.5 ~ 192.5	185	一	1
合　　计			100

例如,红星苹果经处理后的果实着色情况,归纳于表 2.11。

表 2.11　红星苹果果实着色性状的次数分布表

级　　别	次数(f)
5	14
4	36
3	97
2	53
1	7
合　　计	207

注:果实着色面积分 5 个级别;5 级为全红;4 级为 2/3 以上果面红色;3 级为
2/3 以下 1/3 以上红色;2 级为 1/3 以下红色;1 级为绿色果。

2)次数分布图

试验资料除可用次数分布表表示外,还可用次数分布图表示。用图形表示资料的分布情况称为次数分布图。次数分布图可更形象、更清楚地表明资料的分布规律。

次数分布图有柱形图、多边形图、条形图及饼图等。其中,柱形图和多边形图适用于表示连续性变数资料的次数分布;条形图和饼图则是表示间断性(非连续性变数)资料和分类资料的次数分布。柱形图、多边形图和条形图等 3 种图形的关键是建立直角坐标系,横坐标用"X"表示,它一般表示组距或组中值;纵坐标用"Y"表示,它一般表示各组的次数,横坐标与纵坐标的比例为 6:5 或 5:4。画图时,要注明单位。

(1)柱形图

柱形图适用于表示连续性变数的次数分布。现以表 2.10 某黑李品种 100 个果实单果质量的次数分布为例加以说明。该表有 12 组，在横轴上分 12 个等份，因为第一组的下限不为 0，故第一份应离开原点远一些或画折断号，每一等份代表一组，第一组的上限为第二组的下限，如此依次类推。在纵轴上标次数，查某黑李品种 100 个果实单果质量的次数分布表最多一组的次数为 19，故纵坐标分为 20 等份，在图上表明 0,5,10,15,20 即可，借以代表次数。根据实际数画出其图形时，横坐标上第一等份的两界限即为第一组的上限和下限，查表 2.10 第一组含有次数为 2，因此两界处绘两条纵线，高度等于两个单位，再画一横线连接两纵线顶端，即为第一组的柱形图，其余组可依次绘制，即可制成柱形次数分布图，如图 2.2 所示。

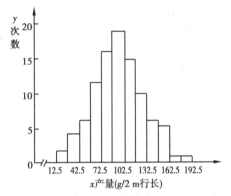

图 2.2　黑李 100 个单果质量次数分布柱形图

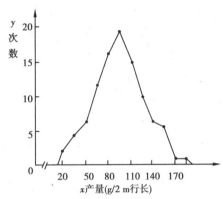

图 2.3　黑李 100 个单果质量次数分布多边形图

（2）多边形图

多边形图也是表示连续性变数资料的一种普通的方法，是以其组中值为代表，其优点在同一图上可比较两组以上的资料，以表 2.10 某黑李品种 100 个果实单果质量的次数分布为例，说明其具体作法。画出直角坐标横坐标表示组中值，纵坐标表示次数。然后以组中值为代表在横坐标第一等份的中点向上至纵坐标两个单位处标记一个点，表示第一组含次数两个单位，以后依次类推。把各点依次连接，最后把折线两端各延伸半个组距，与横轴相交，如图 2.3 所示。

（3）条形图

条形图适用于间断性（非连续性变数）资料和分类资料，一般横轴标出间断性（非连续性变数）资料的中点值或分类资料分类性状，纵轴标出次数，现以表 2.11 红星苹果果实着色情况为例。在横轴上按等距离分别标定 5 个等级的着色性状，在纵轴上标定次数（f）。查表 2.11，第一组为 5 级，其次数为 14 次，在此组标定点向上，相当于纵坐标 14 处画一垂直于横坐标的狭条形，表示第一组的次数。其他类推，即画成红星苹果果实着色的 5 种情况条形图，如图 2.4 所示。

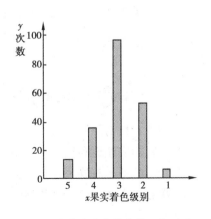

图 2.4　红星苹果果实着色情况条形图

【相关链接】>>>

柱形图和条形图

（1）柱形图

排列在工作表的列或行中的数据可绘制到柱形图中。

在柱形图中，通常沿水平轴组织类别，而沿垂直轴组织数值。

柱形图具有以下图表子类型：簇状柱形图和三维簇状柱形图。簇状柱形图比较各个类别的数值，以二维垂直矩形显示数值。三维簇状柱形图仅以三维格式显示垂直矩形，而不以三维格式显示数据。

注释要以使用可更改的3个轴（水平轴、垂直轴和深度轴）的三维格式显示数据，应该使用三维柱形图子类型。

当有代表以下内容的类别时，可使用簇状柱形图类型：

①数值范围（如直方图中的项目计数）。

②特定的等级排列（如具有"非常同意""同意""中立""不同意"和"非常不同意"等喜欢程度）。

③没有特定顺序的名称（如项目名称、地理名称或人名）。

（2）条形图

排列在工作表的列或行中的数据可绘制到条形图中。条形图显示各个项目之间的比较情况。

使用条形图的情况：

①轴标签过长。

②显示的数值是持续型的。

条形图具有以下图表子类型：

①簇状条形图和三维簇状条形图。簇状条形图比较各个类别的数值。在簇状条形图中，通常沿垂直轴组织类别，而沿水平轴组织数值。三维簇状条形图以三维格式显示水平矩形，而不以三维格式显示数据。

②堆积条形图和三维堆积条形图。堆积条形图显示单个项目与整体之间的关系。三维堆积条形图以三维格式显示水平矩形，而不以三维格式显示数据。

反思与练习

1. 检查和核对原始资料的目的是什么？

2. 资料的完整性和正确性是指什么？

3. 资料的整理有哪两种常用的方法？

4. 次数分布图主要有哪几种？它们分别适用于什么情况？

任务 2.5 试验总结报告的书写

在生物科学研究工作中，为了创造新品种、探索新技术、观察生物的生育表现等，在试验指标调查、观察记载和统计分析等完成后，最后获得试验结果，一般都要求书写一份试验总结。它是对研究成果的总结和记录，是进行新技术推广的重要手段。通常把表达试验全过程的文字材料称为试验报告，或称试验总结。

2.5.1 试验总结的主要内容

试验总结的主要内容包括以下 4 个方面：

1)标题

标题是试验总结报告内容的高度概括，也是读者窥视全文的窗口，因此一定要下功夫拟好标题。标题的拟订要满足以下几点要求：一是确切，即用词准确、贴切，标题的内涵和外延应能清楚且恰如其分地反映出研究的范围和深度，能够准确地表述报告的内容，名副其实。二是具体，就是不笼统、不抽象。例如，内容非常具体的一个标题:《××省苹果腐烂病的分布特点和危害程度的研究》，若改成《苹果腐烂病的研究》就显得笼统。三是精短，即标题要简短精练，文字得当，忌累赘烦琐。例如，《××地区深秋阴雨低温天气对当地富士苹果着色及含糖量的影响以及不同年份同一苹果品种含糖量变化特点的研究》，显然冗长、啰唆，若改成《成熟期的低温天气对××苹果含糖量的影响》就显得简练多了。四是鲜明，即表述观点不含混，不模棱两可。五是有特色，标题要突出论文中的独创内容，使之别具特色。

拟写标题时还要注意：一要题文相符，若研究工作不多或仅做了平常的试验，却冠以"×××的研究"或"×××机理的探讨"等就不太恰当，如果改成"×××问题的初探"或"对×××观察"等较为合适；二要语言明确，即试验报告的标题要认真推敲，严格限定所述内容的深度和范围；三要新颖简要，标题字数一般以 9～15 字为宜，不宜过长；四要用语恰当，不宜使用化学式、数学公式及商标名称等；五要居中书写，若字数较多需转行，断开处在文法上要自然，且两行的字数不宜相差过大。

2)署名

标题下要写出作者姓名及工作单位。个人总结报告，个人署名；集体撰写的总结报告，要按贡献大小依次署名。署名人数一般不超过 6 人，多出者以脚注形式列出，工作单位要写全称。

3)摘要

摘要写作时要求做到短、精、准、明、完整和客观。"短"即行文简短扼要，字数一般在 150～300 字；"精"即字字推敲，添一字则显多余，减一字则显不足；"准"即忠实于原文，准确、严密地表达论文的内容；"明"即表述清楚明白、不含混；"完整"即应做到结构严谨、语言连贯、逻辑性强；"客观"即如实地浓缩本文内容，不加任何评论。摘要有时在试验总结中也可省略。

4)正文

正文主要包括以下内容：

①引言主要将试验研究的背景、理由、范围、方法、依据等写清即可。写作时要注意谨慎评价,切忌自我标榜、自吹自擂;不说客套话,长短适宜,一般为300~500字。

②材料和方法要将试验材料、仪器、试剂、设计和方法写清楚,力求简洁。试验方法要说明采用何种方法、试验过程、观察与记载项目和方法等。

③结果与分析是论文的"心脏",其内容包括:一要逐项说明试验结果;二要对试验结果作出定性、定量分析,说明结果的必然性。在写作时,要注意:一要围绕主题,略去枝蔓。选择典型、最有说服力的资料,紧扣主题来写;二要实事求是反映结果;三要层次分明、条理有序;四要多种表述,配合适宜,要合理使用表、图、公式等。

④小结写作时要注意:第一,措词严谨、贴切,不模棱两可。对有把握的结论,可用"证明""证实""说明"等表述,否则在表述时要留有余地;第二,实事求是地说明结论适用的范围;第三,对一些概括性或抽象性词语,必要时可举例说明;第四,结论部分不得引入新论点;第五,只有在证据非常充分的情况下,才能否定别人的结论。

有时在总结末尾还要写出致谢、参考文献等内容。

2.5.2 试验总结书写的特点和要求

1)试验总结书写特点

试验总结既有情报交流作用,又有资料保留作用。不少试验总结本身就是很有学术价值的科技文献。因此试验总结在写作时要体现以下特点:

(1)尊重客观事实

书写试验总结必须尊重客观事实,以试验获得的数据为依据。真正反映客观规律,一般不加入个人见解。对试验的内容、观察到的现象和所作的结论,都要从客观事实出发,不弄虚作假。

(2)以叙述说明为主要表达方式

要如实地将试验的全过程,包括方案、方法、结果等,进行解说和阐述。切记用华丽的词语来修饰。

(3)兼用图表公式

将试验记载获得的数据资料加以整理、归纳和运算,概括为图、表或经验公式,并附以必要的文字说明,不仅节省篇幅,而且有形象、直观的效果。

2)试验总结的书写要求

试验总结报告是科技工作者写作时经常使用的文体,因此应熟练其写作要求。试验总结报告的写作要求如下:

(1)阅读对象要明确

在动手写试验报告时,要弄清是为哪些人写的,如果是写给上级领导看的,就应该了解他是否是专家。如果不是,在写作时就要尽可能通俗,少用专门术语,如果使用术语则要加以说明,还可以用比喻、对比等手法使文章更生动。如果文章的读者是本行专家,文章就应尽可能简洁,大量地使用专业术语、图、表及数字公式。

(2)内容要可靠

试验报告的内容必须忠实于客观实际,向告知对象提供可靠的报告。无论是陈述研究过程,还是举出收集到的资料、调查的事实、观察试验所得到的数据,都必须客观、准确无误。

（3）论述要有条理

试验报告的文体重条理、重逻辑性。也就是说只要把情况和结论有条理地、依一定逻辑关系提出来,达到把情况讲清楚的目的即可。

（4）篇幅要短

试验报告的篇幅不要过长,如果内容过多,应用摘要的方式首先说明主要的问题和结论,同时还应把内容分成章节并用适当的标题把主要问题突出出来。

（5）观点要明确

客观材料和别人的思考方法要与作者的见解严格地区分开。作者要在报告中明确地表示出哪些是自己的观点。

案例 2.2　樱桃乳酸菌饮料配方的优化试验总结

樱桃乳酸菌饮料配方的优化试验

×××、×××、×××

（×××学院）

摘要:本文以樱桃、鲜奶为主要原料制成乳酸菌饮料,通过单因素及正交试验对稳定剂及饮料配方进行了优化,确定出樱桃乳酸菌饮料最佳配方为樱桃汁的添加量为10%,发酵乳的添加量为30%,糖的添加量为9%,pH 值为4.1,稳定剂的添加量为0.2%。

关键词:樱桃;正交试验;乳酸菌饮料。

1）前言

樱桃又名楔荆桃、车厘子等,是某些李属植物的统称,包括樱桃亚属、酸樱桃亚属、桂樱亚属等。果实可以作为水果食用,色泽鲜艳、晶莹美丽、红如玛瑙,黄如凝脂,营养特别丰富,果实富含糖、蛋白质、维生素及钙、铁、磷、钾等多种元素。陕西省是中国樱桃的主要产地之一,常栽的著名品种有大鹰嘴、杏黄桃、黄金桃、银红桃等。其特点为成熟早,果核内无仁、含糖量高。大鹰嘴又名"大鹰紫甘桃",是陕西省樱桃的主要栽培品种。其色泽紫红,果实为心脏形,单果重1.7 g,果肉淡黄,肉厚汁多,味道甜香,果汁内含可溶性固形物为22.2%。此果于4月底成熟,是优良生食品种。金红樱桃又是陕西樱桃中一个有名的品种。这个品种具有适应性强,产量高,色泽鲜艳,汁液较少,含糖量高的特点。现代医学研究还发现,樱桃有改善人的消化功能,改善人体血液循环的作用。但由于樱桃独特的生理组织结构,决定了其是最不耐储藏的果品之一,每年因腐烂变质而造成的损失占总产量的20%以上,不利于樱桃产业的持续发展。为充分开发这一有利资源以及繁荣乳品市场,同时提高农产品的附加值,本文以樱桃和鲜乳为主要原料混合调配乳酸菌饮料,具有特殊的营养功效,使产品更易消化吸收,是符合现代大众营养需求的绿色保健饮品。

2）材料与方法

（1）材料与设备

①材料与试剂

鲜樱桃（购于本地农贸市场）、脱脂奶粉、保加利亚杆菌、嗜热链球菌、白砂糖、果胶酶、稳定剂、柠檬酸等。

②仪器设备

打浆机、过滤机、发酵罐、电子天平、均质机、杀菌锅、可调电炉等。

（2）工艺流程

工艺流程为樱桃→预处理→打浆→过滤→鲜乳→验收→净化→杀菌→接种→发酵→调配→均质→杀菌→灌装→成品。

（3）工艺要求

①樱桃的预处理、打浆、过滤

将樱桃挑选、去皮，在100 ℃条件下烫漂5~6 min，钝化酶活性，冷却至30 ℃，添加0.15%果胶酶，再在55 ℃条件下恒温2 h，促进花青素色素的浸出和果胶水解。用打浆机打浆后过滤，备用。

②鲜乳的验收、净化

按国家规定项目进行感官检验、理化检验、微生物检验，特别要求无抗生素，然后进行净化处理。

③杀菌、冷却

将处理后的鲜乳，在90 ℃杀菌10 min并快速冷却到42 ℃，准备接种。

④接种、发酵

将保加利亚杆菌与嗜热链球菌1:1混合，制备成生产发酵剂，添加量为3%，接种到发酵罐中，在42~43 ℃培养10 h，使酸度达1.5%~2.0%（乳酸度）即可取出，冷却到20 ℃，备用。

⑤乳酸菌饮料调配、均质

将备用的樱桃汁和发酵乳按一定比例混合后，加入经过过滤的糖溶液、稳定剂、水，用柠檬酸调酸至pH值为3.8~4.2；先预热到50~55 ℃，压力为20~22.5 MPa进行均质。

⑥杀菌、灌装

均质结束后，在95 ℃杀菌5 min，冷却到20 ℃灌装。

3）结果与分析

（1）单因素试验确定稳定剂的种类

乳酸菌饮料中既有蛋白质微粒形成的悬浮液，又有脂肪形成的乳浊液，还有由糖和添加剂形成的真溶液，是一种不稳定的多相体系。为解决这一问题，生产中最简便的方法是加入稳定剂。最常使用的稳定剂是纯果胶与其他稳定剂的复合物。在本实验中，选用果胶与其他稳定剂组成复合稳定剂，对于稳定效果的判定，主要从饮料的混浊度、分层情况、色泽是否发生变化、口感是否粗糙等方面进行鉴定。在饮料保存4周后，由40多名学生进行鉴定，试验设计及结果见表2.12。

表2.12　稳定剂确定试验

试验号	稳定剂	添加量/%	稳定效果（100分）
1	果胶:CMC	0.15:0.15	89
2	果胶:PGA	0.15:0.15	86
3	果胶:琼脂	0.15:0.15	76
4	果胶:黄原胶	0.15:0.15	68
5	果胶:海藻酸钠	0.15:0.15	74

由表 2.12 可知,当果胶和 CMC 组成复合稳定剂时,稳定效果较好,为此通过单因素试验可确定,果胶与 CMC 按 1:1 组成的复合稳定剂在樱桃乳酸菌饮料中使用是比较合适的。具体用量通过饮料配方正交试验来确定。

(2)正交试验确定樱桃乳酸菌饮料的最佳配方

为确定樱桃乳酸菌饮料的最佳配方,选樱桃汁的添加量、发酵乳的添加量、糖的添加量、pH 值(柠檬酸调酸)、稳定剂的添加量 5 个因素,在其他各项工艺条件都不变的情况下,进行 5 因素 4 水平的正交实验,以感官评分为指标(以 100 分计)来确定饮料的最佳配方。感官评分标准见表 2.13,正交试验设计及因素见表 2.14,其结果见表 2.15。

表 2.13　樱桃乳酸菌饮料感官评分标准(100 分)

项　目	标准分数	项　目	标准分数
色泽	10 分	组织状态	20 分
香味	30 分	滋味	40 分

表 2.14　樱桃乳酸菌饮料配方正交试验设计及因素表

水平编号	因　素				
	A 樱桃汁的添加量/%	B 发酵乳的添加量/%	C 糖的添加量/%	D pH 值	E 稳定剂的添加量/%
1	6	20	6	3.9	0.2
2	8	30	7	4.0	0.3
3	10	40	8	4.1	0.4
4	12	50	9	4.2	0.5

表 2.15　樱桃乳酸菌饮料配方正交试验结果表

处理号	因　素					感官评分
	A 樱桃汁的添加量	B 发酵乳的添加量	C 糖的添加量	D pH 值	E 稳定剂的添加量	
1	1	1	1	1	1	62
2	1	2	2	2	2	77
3	1	3	3	3	3	74
4	1	4	4	4	4	67
5	2	1	2	3	4	71
6	2	2	1	4	3	80
7	2	3	4	1	2	73
8	2	4	3	2	1	79
9	3	1	3	4	2	82

续表

处理号	因　素					感官评分
	A 樱桃汁的添加量	B 发酵乳的添加量	C 糖的添加量	D pH 值	E 稳定剂的添加量	
10	3	2	4	3	1	90
11	3	3	1	2	4	85
12	3	4	2	1	3	84
13	4	1	4	2	3	78
14	4	2	3	1	4	80
15	4	3	2	4	1	72
16	4	4	1	3	2	74
X_1	72.750	74.250	76.750	75.000	77.000	
X_2	75.750	81.250	77.500	79.000	77.250	
X_3	83.750	75.750	78.500	78.750	79.000	
X_4	76.500	77.500	76.000	76.000	75.500	
R	11.000	7.000	2.500	4.000	3.500	

由表 2.15 可知,影响樱桃乳酸菌饮料感官评分的主要因素顺序为:樱桃汁的添加量 > 发酵乳的添加量 > pH 值 > 稳定剂的添加量 > 糖的添加量,最佳因素水平为 $A_3B_2C_4D_3E_1$,即樱桃汁的添加量为 10%,发酵乳的添加量为 30%,糖的添加量为 9%,pH 值为 4.1,稳定剂的添加量为 0.2%。故采用此组合为最佳配方。

4)结论

由单因素选择试验确定稳定剂,获得了果胶与 CMC 按 1∶1 组成的复合稳定剂在樱桃乳酸菌饮料中使用是比较合适的。由正交试验确定樱桃乳酸菌配方饮料,获得了樱桃乳酸菌饮料生产中最佳配方为樱桃汁的添加量为 10%,发酵乳的添加量为 30%,糖的添加量为 9%,pH 值为 4.1,稳定剂的添加量为 0.2%。该产品口感柔滑爽口,酸甜适中,清爽润喉、无任何异味、营养丰富。

反思与练习

1.试验总结的主要内容包括哪几个方面?

2.试验总结书写特点和要求是什么?

项目 3

数据处理基础

【知识目标】

- 了解实验误差产生的途径，掌握实验误差控制的方法。
- 掌握实验数据的精密度、正确度、准确度的概念，以及它们之间的区别与联系。
- 了解有效数字的运算方法、修约规则。

【技能目标】

- 能通过正确的实验操作控制误差。
- 能完成方差、标准差的运算以及误差分析。
- 能进行有效数字的运算以及有效数字的修约。

【项目简介】>>>

　　作为实验数据处理基础,首先要掌握一些试验特征数值的意义、公式、计算方法,特别是关于实验误差的概念、产生的原因、对实验结果的影响应作为学习的重点加以掌握,平均值、方差、标准差、精密度、正确度、准确度等概念是试验分析必不可少的基础理论;有效数字的计算和修约是试验分析必不可少的技术。

【工作任务】>>>

任务 3.1　真值与平均值

3.1.1　真值

　　真值(true value)是指某一时刻和某一状态下,某量的客观值或实际值。真值在试验中一般是未知的。真值又是客观存在的,有时可以说真值又是已知的。例如,国家标准样品的标称值;国际上公认的计量值,例如,碳12的原子量为12,绝对零度为 – 273.15 ℃、实验方案设计中的因素水平等;有些值可以当作真值看待,如高精仪器的测量值、多次试验的平均值,等等。

【相关链接】>>>

量的真值,约定真值

　　量的真值——与给定的特定量的定义一致的值。
　　注:
　　①量的真值只有通过完善的测量才有可能获得。
　　②真值按其本性是不确定的。
　　③与给定的特定量定义一致的值不一定只有一个。
　　真值不是一个纯客观的概念,它与人为的定义联系在一起。没有给定的特定量的定义,也就无从谈起这个量的真值。即使对于一个具体的量块的厚度这样一个特定量,由于量块的两个工作面不可能是理想的平行平面,也就无法肯定只有一个唯一的厚度定义,因而也无法肯定只有一个唯一的真值。同时,还有一个如何获得或确定真值的问题。除了像“平面三角形3个内角之和的真值等于π弧度”和“国际千克原器的质量的真值等于1 kg”这类命题中的“真值”,不通过测量即可获得外,一般特定量的值都是必须通过测量才能获得的;而只要进行测量,就必然伴随着不等于零的误差范围或不确定度,而且即使对于以上两个命题,特定的三角形并不能保证是理想的平面上的三角形;国际千克原器的质量实际上也在不断地变化,只是人们在一定条件下认为不变而已。总之,真值是一个理想化的概念,从量子效应和测不准原理来看,真值按其本性是不能被最终确定的。但这并不排除对特定量的真值可以不断地逼近。特别是对于给定的实用目的,所需要的量值总是允许有一定的误差范围或不确定度的。因此,总是有可能通过不断改进特定量的定义、测量方法和测量条件等,使获得的量值足够地逼近真值,满足实际使用该量值时的需要。

约定真值——则是对于给定目的具有适当不确定度的、赋予特定量的值,有时该值是约定采用的。

实际上对于给定目的,并不需要获得特定量的真值,而只需要与该真值足够接近的,即其不确定度满足需要的值。特定量的这样的值就是约定真值,对于给定的目的可用它来代替真值。

3.1.2 平均值

1)平均值

平均数(mean)是统计学中最常用的统计量,它指出资料中数据集中较多的中心位置。在科学试验中,虽然试验误差在所难免,但平均值可综合反映试验值在一定条件下的一般水平,因此,经常将多次试验值的平均值作为真值的近似值。平均数的种类很多,在处理试验结果时常用的平均值有算术平均数、中数、众数、几何平均数。

2)平均数的种类

平均数的种类,统计学中常用的有算术平均数(Arithmetic mean)、中数(Median)、众数(Mode)、几何平均数(Geometric mean)等。

(1)算术平均数(Arithmetic mean)

算术平均数是指观测值的总和除以观测值个数所得的商值,设有 n 个观测值:$x_1, x_2, \cdots, x_n$,则它们的算术平均数为

$$\bar{x} = \frac{x_1 + x_2 + x_3 + \cdots + x_n}{n} = \frac{\sum_{i=1}^{n} x_i}{n} \tag{3.1}$$

式中 x_i——某一个试验值。

算术平均数与每个观察值都有关系,它能全面地反映整个观察值的平均数量水平和综合特性。因此,它的代表性是最强的,但它易受一些极端数据的影响。

(2)中数(Median)

中数(又称中位数)是指观测值由小到大依次排列后居于中间位置的观测值,记为 M_d,它从位置上描述资料的平均水平。总体而言,中数对于资料的代表性不如算术平均数;但是如果资料呈偏态分布,或资料的一段或两端无确切数值时,中数的代表性优于算术平均数。

计算中数时,将所有的观测值由小到大依次排列。若观测值的个数 n 为奇数,则中数为

$$M_d = \frac{x_{(n+1)}}{2} \tag{3.2a}$$

若观测值的个数 n 为偶数,则中数为

$$M_d = \frac{x_{\frac{n}{2}} + x_{\frac{n}{2}+1}}{2} \tag{3.2b}$$

（3）众数（Mode）

众数是指试验资料中出现次数最多的那个观测值，用 M_0 表示。间断性变数资料，由于观测值易集中于某一个数值，故众数易于确定。连续性变数资料，由于观测值不易集中于某一数值，因此众数不易确定，可将连续性变数资料的次数分布表中分布次数最多一组的组中值作为该样本的概约众数。

使用众数描述试验资料的平均水平，其代表性一般优于中数。因为中数只是从位置上说明资料的数量特征，涉及的观测值数目太少，对于整个实验的全部资料的代表性有限。而众数在资料中出现的次数多、所占比例大，当然对资料有较高的代表性。

（4）几何平均数（geometric mean）

几何平均数是指 n 个观测值连乘的积的 n 次方根值，用 G 表示。其计算公式为

$$G = \sqrt[n]{x_1 \cdot x_2 \cdot \cdots \cdot x_n} = (x_1 \cdot x_2 \cdot \cdots \cdot x_n)^{\frac{1}{n}} \tag{3.3}$$

当资料中的观察值呈几何级数变化趋势，或计算平均增长率、平均比率等时用几何平均数较好。如计算中国改革开放 30 多年的年均 GDP 增长率等。

1. 真值的定义是什么？
2. 平均值的定义是什么？平均值的种类有哪些？

任务 3.2 误　差

3.2.1 误差的概念

1）绝对误差

在实验过程中，由于受技术条件、仪器设备、人为因素及偶然因素的影响，导致实验效果与真值之间存在偏差，这种偏差称为误差，又称绝对误差，即

$$绝对误差 = 试验值 - 真值$$

绝对误差反映的是试验值偏离真值的大小，可正可负。通常所说的误差，一般是指绝对误差。若用 $x, x_t, \Delta x$ 分别表示试验值、真值和绝对误差，则

$$\Delta x = x - x_t \tag{3.4}$$

由于 Δx 可正可负，因此可进一步转化为

$$x - x_t = \pm |\Delta x|$$

或

$$x_t = x \pm |\Delta x| \tag{3.5}$$

由此可得

$$x - |\Delta x| \leqslant x_t \leqslant x + |\Delta x| \tag{3.6}$$

试验时真值往往是未知的,因此绝对误差也无法计算出来。但是在实验中,可依据所使用仪器的精确度,或根据实验数据进一步通过合理的统计分析方法对绝对误差的大小进行估算和预测。

2)相对误差

绝对误差对于相同或相似的试验可以反映试验值的准确程度,而对于不同的试验有时就无法反映试验值的准确程度。例如,测量大象的体重时出现几千克的绝对误差是正常的,反之测量一个蚂蚁的体重要出现几千克的绝对误差是无法想象的。因此,为了判断试验值的准确性,必须考虑试验值本身的大小,故引出了相对误差(relative error),即

$$相对误差 = \frac{绝对误差}{真值} \tag{3.7}$$

即

$$E_r = \frac{\Delta x}{x_t} = \frac{x - x_t}{x_t} \tag{3.8}$$

式中　E_r——相对误差;

　　　Δx——绝对误差;

　　　x_t——真值。

由式(3.8)可知,相对误差能更准确地表达试验值的准确程度。

3)标准误差

标准误差(standard error)也称为均方根误差(mean-root square error)、标准偏差(standard discrepancy),或简称为标准差(standard deviation),总体方差用希腊字母 σ 表示。其计算方法为

$$\sigma = \sqrt{\frac{\sum_{i=1}^{n}(x_i - x_t)^2}{n}} = \sqrt{\frac{\sum_{i=1}^{n} d_i^2}{n}} = \sqrt{\frac{\sum_{i=1}^{n} x_i^2 - \frac{\left(\sum_{i=1}^{n} x_i\right)^2}{n}}{n}} \tag{3.9}$$

在试验中,参数往往是未知的,对于样本(sample)来说,其标准误差用拉丁字母 s 来表示。其计算方法为

$$s = \sqrt{\frac{\sum_{i=1}^{n}(x_i - x_t)^2}{n-1}} = \sqrt{\frac{\sum_{i=1}^{n} d_i^2}{n-1}} = \sqrt{\frac{\sum_{i=1}^{n} x_i^2 - \frac{\left(\sum_{i=1}^{n} x_i\right)^2}{n}}{n-1}} \tag{3.10}$$

标准差不仅与资料值中每一个数据有关,而且能明显地反映出较大的个别误差。标准误差在实验数据分析中有很高的利用频率,通常被用来表示试验值的精密度。标准误差越小,则试验数据的精密度越高。

3.2.2　误差的来源

实验误差根据其性质或产生的原因,可分为随机误差(chance error)、系统误差(systematic error)和过失误差(mistake error)。

1）随机误差

随机误差是指在一定试验条件下，由于受偶然因素的影响而产生的试验误差，如气温的微小波动、电压的波动、原材料质量的微小差异、仪器的轻微振动等。这些影响实验结果的偶然因素是试验者无法严格控制的，因此，试验时随机误差是无法避免的。试验者只能在试验时通过实验设计控制误差，进一步通过合理的统计分析方法估算误差。

随机误差是无法预知的，同一个试验多个重复或重复同一试验，各观察值或试验结果之间绝对误差时正时负，绝对误差的绝对值时大时小。随机误差值的出现频率一般具有统计规律，即一般服从正态分布，绝对值小的误差值出现的几率高，而绝对值大的误差值出现的几率低，且绝对值相等的正负误差值出现的几率近似相等，故当试验次数较多时，由于正负误差值的相互抵消，随机误差的平均值趋向于零。因此，试验时为了提高试验的准确度，减小误差，可增加试验次数，或者增加重复次数。

2）系统误差

系统误差是指在一定试验条件下，由某个或某些因素按某一确定的规律起作用而产生的误差。

系统误差产生的原因是多方面的，可能来自仪器（如砝码生锈，皮尺因受力变长等），可能来自操作不当，也可来自个人的主观因素（如读取液面刻度或尺子刻度时的视角等），还可能来自试验方法本身的不完善等。

系统误差的大小及其符号在同一试验中基本上是恒定的，或者随试验条件的改变系统误差随某一确定的规律变化，试验条件一旦确定，系统误差就是客观存在的恒定值。

系统误差不能通过多次试验被发现，也不能通过多次试验取平均值而减小。但只要对系统误差产生的原因有了充分的认识，就可对它进行校正或设法消除。

3）过失误差

过失误差主要是由于实验人员的粗心大意或失误造成的差错。过失误差是显然与事实不符的误差，没有一定的规律，如读数错误、记录错误或操作失误等。要避免过失误差，就要求实验者加强工作责任心。

【相关链接】>>>

误差产生的相关因素

（1）人为因素

由于人为因素所造成的误差，包括误读、误算和视差等。而误读常发生在游标尺、分厘卡等量具。游标尺刻度易造成误读一个最小读数，如在 10.00 mm 处常误读成 10.02 mm 或 9.98 mm。分厘卡刻度易造成误读一个螺距的大小，如在 10.20 mm 处常误读成 10.70 mm 或 9.70 mm。误算常在计算错误或输入错误数据时所发生。视差常在读取测量值的方向不同或刻度面不在同一平面时所发生，两刻度面相差为 0.3～0.4 mm，若读取尺寸在非垂直于刻度面时，即会产生视差的误差量。为了消除此误差，制造量具的厂商将游尺的刻划设计成与本尺的刻划等高或接近等高，游尺为凹 V 形且本尺为凸 V 形，因此形成两刻划等高。

（2）量具因素

由于量具因素所造成的误差，包括刻度误差、磨耗误差及使用前未经校正等因素。刻度分划是否准确,必须经由较精密的仪器来校正与追溯。量具使用一段时间后会产生相当程度磨耗,因此必须经校正或送修方能再使用。

(3)环境因素

测量时,由于受环境或场地的不同,可能造成的误差以热变形误差和随机误差为最显著。热变形误差通常发生于因室温、人体接触及加工后工件温度等情形下,因此必须在温湿度控制下,不可用手接触工件及量具,工件加工待冷却后才测量。但为了缩短加工时间在加工中需实时测量,因此必须考虑各种材料的热胀系数作为补偿,以避免因温度材料的热膨胀系数不同所造成的误差。

 反思与练习

1.绝对误差、相对误差、标准误差的概念及计算方法是什么?

2.误差根据其性质或产生的原因可分为哪几种?

3.何为系统误差和随机误差?想一想在实验室如何控制实验误差。

任务 3.3 试验数据的精准度

实验过程中的误差是无法消除的,这个误差可能是由系统误差产生的,或由随机误差造成的,也有可能是两者叠加造成的。为了更好地将它们加以区分,则引出精密度、正确度和准确度 3 个能表示误差性质的术语。

3.3.1 精密度

精密度(precision)是指在一定条件下多次试验,或同一试验多次重复的彼此符合程度或一致程度,它可以反映随机误差大小的程度。精密度的概念与重复试验时单次试验值的变动性有关,如果试验数据的分散程度较小,则说明是精密的。如甲乙两人各做 5 次同一个试验,所得的数据如下:

甲:8.5,8.6,8.5,8.4,8.5

乙:8.2,8.4,8.7,8.5,8.9

很显然,甲的试验数据彼此符合程度优于乙的数据,故甲试验员的试验结果精密度较高。

由于精密度反映了随机误差的大小,因此对于无系统误差的试验,可通过增加试验次数而达到提高试验精密度的目的。如果试验足够精密,则只需少量几次重复就能满足要求。

1)极差(range)

极差是指一组实验数据中最大值与最小值之间的差值,即

$$R = x_{max} - x_{min}$$

由于极差仅仅利用了最大和最小两个试验值,因此无法精确反映随机误差的大小。但是,由于它计算方便,在快速检验中仍然得到了广泛的应用。

【相关链接】>>>

极差用途和意义

在统计中,常用极差来刻画一组数据的离散程度,以及反映变量分布的变异范围和离散幅度。在总体中,任何两个单位的标准值之差都不能超过极差。同时,它能体现一组数据波动的范围。极差越大,离散程度越大;反之,离散程度越小。

极差只指明了测定值的最大离散范围,而未能利用全部测量值的信息,不能细致地反映测量值彼此相符合的程度。极差是总体标准偏差的有偏估计值,当乘以校正系数之后,可作为总体标准偏差的无偏估计值。它的优点是计算简单,含义直观,运用方便,故在数据统计处理中仍有相当广泛的应用。但是,它仅仅取决于两个极端值的水平,不能反映其间的变量分布情况,同时易受极端值的影响。

2)标准差

若随机误差服从正态分布,则可用标准差来反映随机误差的大小。总体标准差用 σ 表示,而样本方差用拉丁字母 s 表示,σ 或 s 可由式(3.9)或式(3.10)计算获得。

标准差可以较好地反映试验值的精密程度,σ 或 s 越小,实验数据的分散程度越小,试验的精密度越高,随机误差越小,则试验数据的正态分布曲线越尖。

3)方差

方差是各个数据与平均数之差的平方的和的平均数。这里就是标准差的平方,可用 σ^2(总体方差)和 s^2(样本方差)表示。显然,方差与标准差一样可反映试验的精密程度,即可以反映随机误差的大小。

3.3.2 正确度

正确度是指大量测试结果的(算术)平均数与真值或接受参照值之间的一致程度。它反映了系统误差的大小,是指在一定试验条件下,所有系统误差的综合。

由于精密度与正确度的高低反映了不同的误差性质、来源,因此试验的精密度高,正确度不一定高;反之,试验的精密度不高,也不能得到正确度不高的结论。如图 3.1 所示很好地说明了精密度与正确度的关系。

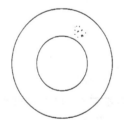 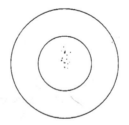 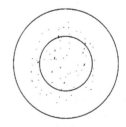

（a）精密度好，正确度不好　（b）精密度好，正确度好　（c）精密度不好，正确度好

图 3.1　精密度与正确度的关系

3.3.3 准确度

准确度(accuracy)是系统误差和随机误差的综合反映。它表示了试验结果与真值或标准值之间相接近的程度。

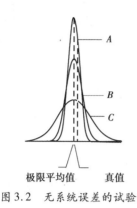

图 3.2　无系统误差的试验　　　　图 3.3　有系统误差的试验

图 3.2 中,A,B,C 3 个试验均无系统误差,实验误差均来自随机误差,试验结果服从正态分布,且对应着同一个真值,即 A,B,C 3 个试验的正确度相同,而 3 个试验的精密度则依次下降。图 3.3 中,由于试验存在系统误差,A^*,B^*,C^* 3 个试验的极限平均值均与真值不符,但综合试验的正确度与精确度可能多数情况下 A^* 试验的准确度还是要高于 B 试验和 C 试验的准确度。

反思与练习

1.精密度、正确度和准确度的概念及意义是什么?

2.极差、标准差和方差的概念及意义是什么?

任务 3.4　有效数字和试验结果的表示

3.4.1　有效数字

在测量结果的数字表示中,由若干位可靠数字加一位可疑数字便构成了有效数字。试验数据总是以一定位数的数字表示出来,这些数字都是有效数字,而有效数字的末位数字往往是估计出来的,具有一定的误差。例如,用量筒测量出试验液体的体积为 35.55 cm^3,共有 4 位有效数字,其中,35.5 是由量筒的刻度读出的,是准确的,而最后一位"5"则是估计出来的,是存在可疑成分的或欠准确的。

有效数字的位数可反映实验的精度或表示所用实验仪器的精度,因此不能随意多写或少写。若多写一位,则该数据不真实、不可靠:若少写一位,则损失了实验精度,实验结果同样不可靠,更是对高精仪器和时间的浪费。

小数点的位置不影响数据中有效数字的位数。例如,120 cm^3,10.0 cm^3 两个数据的准确度是相同的,它们有效数字的位数都为 3。

数字 0 在非 0 数字之间或末尾为有效数字,第一个非零数前的数字都不是有效数字。例

如,12 cm³ 和 12.00 cm³ 并不等价,前者有效数字为两位,后者是 4 位有效数字。它们是由精密程度不同的仪器测量获得的。因此在记录测量数据时不能随便省略末位的 0。

3.4.2 有效数字的运算

在实验数据的整理或者数据分析过程中,总是要涉及有效数字的运算,有效数字的运算类型有以下 7 种:

1)加、减运算

加减法运算后的有效数字,取到参与运算各数中最靠前出现可疑数的那一位。例如,$12.6 + 8.46 + 0.008$ 计算方法为

$$
\begin{array}{r}
12.6 \\
8.46 \\
+ \quad 0.008 \\
\hline
21.068
\end{array}
$$

计算结果应为 21.1。

2)乘、除运算

在乘除运算中,乘积和商的有效数位数以参与运算各数中有效位数最少的为准。例如,12.6×2.21 的有效数字为 27.8。

3)乘方、开方运算

乘方、开方运算结果有效数字的位数应与其底数的相同。例如,$\sqrt{5.8} = 2.408\ 3$,其有效数字为 2.4;而 $3.4^2 = 11.56$,其有效数字为 11.6。

4)对数运算

对数的有效数字位数与其真数的相同。例如,$\ln 2.84 = 1.043\ 8$,其有效值为 1.04。

5)自然数的有效数字

自然数不是测量值,不存在误差,故有效数字为无穷位。

6)常数的有效数字

常数 π,e 等的位数可与参与运算的量中有效数字最少的位数相同或多取一位。

7)一般实验中有效数字的取位

一般实验中,有效数字取 2～3 位有效数字就可满足试验对精确度的要求。只有实验对精确度要求特别高时,才取 4 位有效数字。

从有效数字的运算可知,每一个中间数据对实验结果的影响程度是不同的,精度低的数据对结果的影响较大。因此,在实验中应尽量选用精度一致的仪器和仪表,一两个高精度的仪器仪表无助于提高整个实验的精度。

3.4.3 有效数字的修约规则

对某一表示实验结果的数值(拟修约数)根据保留位数的要求,将多余的数字进行取舍,按照一定的规则,选取一个近似数(修约数)来代替原来的数,这一过程称为数值修约。有效数字的修约规则有以下 3 种:

①拟舍弃数字的最左一位小于5,则舍弃,即保留的个位数不变。例如,53.442 3 修约到小数点后一位为53.4,将4.234 8 修约到小数点后两位为4.23。

②拟舍弃数字的最左一位大于或等于5,且其后跟有非0数值时,则进1,即保留的末位数加1。例如将 1 578 修约到保留两位有效数字为 16×10^2;将10.50 修约到保留两位有效数字为11。

③拟舍弃数字的最左一位等于5,且其右无数字或皆为0时,若所保留的末位数字为奇数(1,3,5,7,9)则进1,为偶数(2,4,6,8,0)则舍弃。例如,将 13.50 修约到保留两位有效数字为14;将18.50 修约到保留两位有效数字为18。

需要注意的是,若有多位要舍去,不能从最后一位开始进行连续的取舍,而是以拟舍弃数字的最左一位数字作为取舍的标准。

【相关链接】>>>

有效数字中"0"的意义

"0"在有效数字中有两种意义:一种是作为数字定值;另一种是有效数字。例如,在分析天平上称量物质,得到以下质量:

物　　质	质量/g	有效数学位数
称量瓶	10.143 0	6 位
Na_2CO_3	2.104 5	5 位
$H_2C_2O_4 \cdot 2H_2O$	0.210 4	4 位
称量纸	0.012 0	3 位

以上数据中"0"所起的作用是不同的。在10.143 0 中两个"0"都是有效数字,因此它有6位有效数字。在2.104 5 中的"0"也是有效数字,因此它有5 位有效数字。在0.2104中,小数点前面的"0"是定值用的,不是有效数字,而在数据中的"0"是有效数字,因此它有4 位有效数字。在0.012 0 中,"1"前面的两个"0"都是定值用的,而在末尾的"0"是有效数字,因此它有 3 位有效数字。

综上所述,数字中间的"0"和末尾的"0"都是有效数字,而数字前面所有的"0"只起定值作用。以"0"结尾的正整数,有效数字的位数不确定。例如,4 500 这个数就不能确定是几位有效数字,可能为 2 位或 3 位,也可能是 4 位。遇到这种情况,应根据实际有效数字书写为:

4.5×10^3　2 位有效数字。

4.50×10^3　3 位有效数字。

4.500×10^3　4 位有效数字。

因此很大或很小的数,常用 10 的乘方表示。当有效数字确定后,在书写时一般只保留一位可疑数字,多余数字按数字修约规则处理。

对于滴定管、移液管和吸量管,它们都能准确测量溶液体积到 0.01 mL。因此,当用50 mL滴定管测定溶液体积时,如测量体积大于 10 mL 小于 50 mL 时,应记录为 4 位有效数字,如写成24.22 mL;如测定体积小于 10 mL,应记录 3 位有效数字,如写成8.13 mL。当用

25 mL移液管移取溶液时,应记录为 25.00 mL。当用 5 mL 吸量管吸取溶液时,应记录为 5.00 mL。当用 250 mL 容量瓶配制溶液时,所配溶液体积应记录为 250.0 mL。当用 50 mL 容量瓶配制溶液时,应记录为 50.00 mL。

总而言之,测量结果所记录的数字,应与所用仪器测量的准确度相适应。

 反思与练习

1. 何为有效数字? 自己出题练习有效数字的运算。
2. 有效数字的修约规则是什么?

项目 4

试验数据统计分析方法

📖【知识目标】

- 了解试验数据统计分析方法。
- 熟悉试验资料的主要类型及其特点。
- 熟悉单因素试验的方差分析的方法、一元线性回归分析的方法、单因素优选法及正交试验设计结果的直观分析法。

📖【技能目标】

- 能对实验数据进行单因素试验的方差分析。
- 能对实验数据进行一元线性回归分析。
- 能使用单因素优选法对实验数据进行优选。
- 能使用双因素优选法对实验数据进行优选。
- 能使用直观分析法对正交试验设计结果进行分析。
- 能使用方差分析法对正交试验设计结果进行分析。

【项目简介】>>>

在进行科学研究时,有些参数只有通过试验才能确定。有时还需找出参数的最佳组合,以保证获得较好的工作性能,也只有通过试验和数据分析才能确定。例如,在干燥某一种食品时,要确定适宜的加热温度,就必须通过试验来解决。先把温度分成几挡,如60,70,80,90,100 ℃等。用每个温度逐个进行试验,找出干制食品最优时的温度即为设计温度。

但要找出温度和相对温度的相互作用时,每个参数取3挡,需做$3^2 = 9$次试验,才能确定两个参数各取什么数值组合起来才能使干制品最优。若再找出温度、相对温度和空气流速3个参数的相互作用时,每参数取3挡,需做$3^3 = 27$次试验,才能确定。若再找出温度、相对温度、空气流速和大气压力4个参数的相互作用时,每参数取3挡,需做$3^4 = 81$次试验才能确定。由此可知,随着试验参数和所取挡数的增加,试验次数就急剧增加,这样会消耗大量的人力、物力和财力。

试验数据分析的目的如下:
①用最少的试验次数来找出最优的参数组合。
②科学地分析试验数据。
③得出试验指标与试验因素之间的定量关系式,即回归方程。

随着计算机和现代设计的发展,要获得较好的指标和科学的数据分析,可利用数学模型通过优化设计来找出参数的最佳组合,并可进行性能的预测。在科学研究中,参数与性能很难建立理论上的数学关系。因此,优化设计所用的数学模型也必须通过科学试验来建立,在用试验的方法来建立数学模型后,需要采用科学的数据分析才能得到最终合理的分析结果。

【工作任务】>>>

任务4.1　试验的方差分析

在生产过程和科学实验中,经常遇到这样的问题:影响产品产量、质量的因素很多。例如,在化工生产中,影响结果的因素有配方、设备、温度、压力、催化剂、操作人员等。需要通过观察或试验来判断哪些因素对产品的产量、质量有显著的影响。方差分析(Analysis of variance)就是用来解决这类问题的一种有效方法。它是在20世纪20年代由英国统计学家费舍尔首先使用到农业试验上的。后来发现这种方法的应用范围十分广阔,可成功地应用在试验工作的很多方面。

方差分析就是将试验数据的总变异分解为来源于不同因素的相应变异,并作出数量估计,从而发现各个因素在总变异中所占的重要程度,即将试验的总变异方差分解成各变因方差,并以其中误差方差作为和其他变因方差比较的标准,以推断其他变因所引起变异量是否真实的一种统计分析方法。

4.1.1 单因素试验的方差分析

在试验中,将要考察的指标称为试验指标,影响试验指标的条件称为因素。因素可分为两类:一类是人们可以控制的;另一类是人们不能控制的。例如,原料成分、反应温度、溶液浓度等是可以控制的,而测量误差、气象条件等一般是难以控制的。以下所说的因素都是可控因素,因素所处的状态称为该因素的水平。如果在一项试验中只有一个因素在改变,这样的试验称为单因素试验;如果多于一个因素在改变,就称为多因素试验。

本节通过实例来讨论单因素试验。

1) 数学模型

例 4.1 某试验室对白酒玻璃瓶进行选材试验。其方法是将试件加热到 600 ℃后,投入 20 ℃的水中急冷,这样反复进行到玻璃瓶破裂为止,试验次数越多,试件质量越好。试验结果见表 4.1。

表 4.1　白酒玻璃瓶选材试验结果

试验号	材质分类			
	A_1	A_2	A_3	A_4
1	160	158	146	151
2	161	164	155	152
3	165	164	160	153
4	168	170	162	157
5	170	175	164	160
6	172		166	168
7	180		174	
8			182	

试验的目的是确定 4 种玻璃瓶的抗热疲劳性能是否有显著差异。

这里,试验的指标是玻璃瓶的热疲劳值,玻璃瓶的材质是因素,4 种不同的材质表示玻璃瓶的 4 个水平,这项试验称为 4 水平单因素试验。

例 4.2 考察一种人造纤维在不同温度的水中浸泡后的缩水率,在 40,50,…,90 ℃的水中分别进行 4 次试验,得到该纤维在每次试验中的缩水率见表 4.2。试问浸泡水的温度对缩水率有无显著的影响?

表 4.2　某种纤维在试验中的缩水率/%

试验号	温　度					
	40 ℃	50 ℃	60 ℃	70 ℃	80 ℃	90 ℃
1	4.3	6.1	10.0	6.5	9.3	9.5
2	7.8	7.3	4.8	8.3	8.7	8.8
3	3.2	4.2	5.4	8.6	7.2	11.4
4	6.5	4.1	9.6	8.2	10.1	7.8

这里试验指标是人造纤维的缩水率,温度是因素,这项试验为 6 水平单因素试验。

单因素试验的一般数学模型为因素 A 有 s 个水平 $A_1, A_2, \cdots, A_s$,在水平 $A_j(j = 1, 2, \cdots, s)$ 下进行 $n_j(n_j \geq 2)$ 次独立试验,得到表 4.3 的结果。

表 4.3　单因素试验结果

水平观测值	A_1	A_2	$\cdots$	A_s
	x_{11}	x_{12}	$\cdots$	x_{1s}
	x_{21}	x_{22}	$\cdots$	x_{2s}
	$\vdots$	$\vdots$		$\vdots$
	$x_{n_1 1}$	$x_{n_2 2}$	$\cdots$	$x_{n_s s}$
样本总和	$T_{\bullet 1}$	$T_{\bullet 2}$	$\cdots$	$T_{\bullet s}$
样本均值	$\bar{x}_{\bullet 1}$	$\bar{x}_{\bullet 2}$	$\cdots$	$\bar{x}_{\bullet s}$
总体均值	μ_1	μ_2	$\cdots$	μ_s

2) 自由度与平方和分解

方差是平方和除以自由度的商。要将一个试验资料的总变异分解为各个变异来源的相应变异,首先将总平方和与总自由度分解为各个变异来源的相应部分,因此,平方和与自由度的分解是方差分析的第一步骤。

记

$$SS_T = \sum_{j=1}^{s} \sum_{i=1}^{n_j} (x_{ij} - \bar{x})^2 \tag{4.1}$$

式中,$\bar{x} = \dfrac{1}{n} \sum_{j=1}^{s} \sum_{i=1}^{n_j} x_{ij}$(其中,$n = n_1 + n_2 + \cdots + n_s$),$S_T$ 能反映全部试验数据之间的差异,称为总变异。

总自由度

$$DF_T = n - 1 \tag{4.2}$$

产生总变异的原因可从两方面来分析:

①同一处理不同重复观测值的差异是由偶然因素影响造成的,即试验误差,又称**组内变异**。

②不同处理之间平均数的差异主要是由处理的不同效应所造成,称为处理间变异,又称**组间变异**。

因此,总变异可分解为组内变异和组间变异两部分。

记

$$SS_e = \sum_{j=1}^{s} \sum_{i=1}^{n_j} (x_{ij} - \bar{x}_{\bullet j})^2 \tag{4.3}$$

式中,SS_e 为组内的变异,即误差变异,是各个组观测值 x_{ij} 和对应组平均数 $\bar{x}_{\cdot j}$ 的变异之和。

组内自由度

$$DF_e = n - s \tag{4.4}$$

记

$$SS_t = \sum_{j=1}^{s} \sum_{i=1}^{n_j} (\bar{x}_{\bullet j} - \bar{x})^2 = \sum_{j=1}^{s} n_j (\bar{x}_{\bullet j} - \bar{x})^2 \qquad (4.5)$$

式中，SS_t 为组间差异，是 S 个处理的平均数 $\bar{x}_{\bullet j}$ 与总平均数 $\bar{x}$ 的变异之和。

组间自由度

$$DF_t = s - 1 \qquad (4.6)$$

于是得上表类型资料平方和与自由度的分解式为

总平方和 = 组间（处理间）平方和 + 组内（误差）平方和

$$\sum_{j=1}^{s} \sum_{i=1}^{n_j} (x_{ij} - \bar{x})^2 = \sum_{j=1}^{s} \sum_{i=1}^{n_j} (x_{ij} - \bar{x}_{\bullet j})^2 + \sum_{j=1}^{s} n_j (\bar{x}_{\bullet j} - \bar{x})^2 \qquad (4.7)$$

即

$$SS_T = SS_t + SS_e \qquad (4.8)$$

总自由度 = 组间（处理间）自由度 + 组内（误差）自由度

$$n - 1 = (s - 1) + (n - s) \qquad (4.9)$$

即

$$DF_T = DF_t + DF_e \qquad (4.10)$$

求得各变异来源的平方和与自由度后，进而求得

$$\left. \begin{array}{ll} \text{总的方差} & S_T^2 = \dfrac{SS_T}{DF_T} \\[2mm] \text{组间方差} & S_t^2 = \dfrac{SS_t}{DF_t} \\[2mm] \text{组内方差} & S_e^2 = \dfrac{SS_e}{DF_e} \end{array} \right\} \qquad (4.11)$$

3）F 测验问题

统计学上把组间和组内这两个方差之比值称为 F 值，即

$$F = \frac{S_t^2}{S_e^2} \qquad (4.12)$$

F 值表（附表 4）是专门为检验 s_t^2 代表的总体方差是否比 s_e^2 代表的总体方差大而设计的。若实际计算的 F 值大于 $F_{0.05}$，则 F 值在 $\alpha = 0.05$ 的水平上显著，以 95% 的可靠性（即冒 5% 的风险）推断 s_t^2 代表的总体方差大于 s_e^2 代表的总体方差。这种用 F 值出现概率的大小推断两个总体方差是否相等的方法称为 F 测验。

上面的分析结果可排成表 4.4 的形式，称为方差分析表。

表 4.4 方差分析表

方差来源	平方和	自由度	方差	F 比
组间	SS_t	$s - 1$	$s_t^2 = \dfrac{SS_t}{s-1}$	$F = \dfrac{S_t^2}{S_e^2}$
组内	SS_e	$n - s$	$s_e^2 = \dfrac{SS_e}{n-s}$	
总和	SS_T	$n - 1$		

实际进行 F 测验时,是将由试验资料所算得的 F 值与根据 $\nu_1 = DF_t$(大均方,即分子均方的自由度)、$\nu_2 = DF_e$(小均方,即分母均方的自由度)查附表 F 值表所得的临界 F 值与 $F_{0.05}$,$F_{0.01}$ 相比较作出统计推断的。

若 $F < F_{0.05}$,统计学上把这一测验结果表述为:各处理间差异不显著。

若 $F_{0.05} \leq F \leq F_{0.01}$,统计学上,把这一测验结果表述为:各处理间差异显著。

若 $F > F_{0.01}$,统计学上,把这一测验结果表述为:各处理间差异极显著。

在实际中,可按以下较简便的公式来计算 SS_T,SS_t 和 SS_e:

记

$$T_{\bullet j} = \sum_{i=1}^{n_j} x_{ij} \qquad i = 1,2,3,\cdots,r; j = 1,2,3,\cdots,s \tag{4.13}$$

$$T_{\bullet\bullet} = \sum_{j=1}^{s} \sum_{i=1}^{n_j} x_{ij} \tag{4.14}$$

即有

$$\begin{cases} SS_T = \sum_{j=1}^{s} \sum_{i=1}^{n_j} x_{ij}^2 - n\,\bar{x}^2 = \sum_{j=1}^{s} \sum_{i=1}^{n_j} x_{ij}^2 - \dfrac{T_{\bullet\bullet}^2}{n} \\[2mm] SS_t = \sum_{j=1}^{s} n_j \bar{x}_{\bullet j}^2 - n\bar{x}^2 = \sum_{j=1}^{s} \dfrac{T_{\bullet j}^2}{n_j} - \dfrac{T_{\bullet\bullet}^2}{n} \\[2mm] SS_e = SS_T - SS_t \end{cases} \tag{4.15}$$

例 4.3 如上所述,在例 4.1 中,试取 $\alpha = 0.05$,完成这一假设检验。

解 $s = 4, n_1 = 7, n_2 = 5, n_3 = 8, n_4 = 6$,则 $n = 26$

$$SS_T = \sum_{j=1}^{s} \sum_{i=1}^{n_j} x_{ij}^2 - \frac{T_{\bullet\bullet}^2}{n} = 698\,959 - \frac{4\,257^2}{26} = 1\,957.12$$

$$SS_t = \sum_{j=1}^{s} \frac{T_{\bullet j}^2}{n_j} - \frac{T_{\bullet\bullet}^2}{n} = 697\,445.49 - \frac{4\,257^2}{26} = 443.61$$

$$SS_e = SS_T - SS_t = 1\,513.51$$

得方差分析表,见表 4.5。

表 4.5　方差分析表

方差来源	平方和	自由度	方　差	F 比
组间	443.61	3	147.87	2.15
组内	1 513.51	22	68.80	
总和	1 957.12	25		

因

$$F(3,22) = 2.15 < F_{0.05}(3,22) = 3.05$$

可认为 4 种玻璃瓶试样的热疲劳性无显著差异。

例 4.4 如上所述,在例 4.2 中,试取 $\alpha = 0.05, \alpha = 0.01$,完成这一假设检验。

解 $s = 6, n_1 = n_2 = \cdots = n_6 = 4$,则

$$n = 24$$

$$SS_T = \sum_{j=1}^{s} \sum_{i=1}^{n_j} x_{ij}^2 - \frac{T_{\cdot\cdot}^2}{n} = 112.27 = 112.27$$

$$SS_t = \sum_{j=1}^{s} \frac{T_{\cdot j}^2}{n_j} - \frac{T_{\cdot\cdot}^2}{n} = 56$$

$$SS_e = SS_T - SS_t = 56.27$$

得方差分析表,见表 4.6。

表 4.6　方差分析表

方差来源	平方和	自由度	方　差	F 比
组间 组内	56 56.27	5 18	11.2 3.126	3.583
总和	112.27	23		

又

$$F_{0.05}(5,18) = 2.77, F_{0.01}(5,18) = 4.25$$

由于

$$4.25 = F_{0.01}(5,18) > F(5,18) = 3.58 > F_{0.05}(5,18) = 2.77$$

故浸泡水的温度对缩水率有显著影响,但不能说有高度显著的影响。

本节的方差分析是在这两项假设下,检验各个正态总体均值是否相等:一是正态性假设,假定数据服从正态分布;二是等方差性假设,假定各正态总体方差相等。由大数定律及中心极限定理,以及多年来的方差分析应用,知正态性和等方差性这两项假设是合理的。

4.1.2　双因素试验的方差分析

在许多实际问题中,往往要同时考虑两个因素对试验指标的影响。例如,进行某一项试验,当影响指标的因素不是一个而是多个时,要分析各因素的作用是否显著,就要用到多因素的方差分析。本节就两个因素的方差分析作一简介。当有两个因素时,除每个因素的影响之外,还有这两个因素的搭配问题。见表 4.7 中的两组试验结果,都有两个因素 A 和 B,每个因素取两个水平。

表 4.7a

B ╲ A	A_1	A_2
B_1	30	50
B_2	70	90

表 4.7b

B ╲ A	A_1	A_2
B_1	30	50
B_2	100	80

表 4.7a 中,无论 B 在什么水平(B_1 还是 B_2),水平 A_2 下的结果总比 A_1 下的高 20;同样的,无论 A 是什么水平,B_2 下的结果总比 B_1 下的高 40。这说明 A 和 B 单独地各自影响结果,

互相之间没有作用。

表4.7b中,当 B 为 B_1 时,A_2 下的结果比 A_1 的高,而且当 B 为 B_2 时,A_1 下的结果比 A_2 的高;类似地,当 A 为 A_1 时,B_2 下的结果比 B_1 的高70,而 A 为 A_2 时,B_2 下的结果比 B_1 的高30。这表明 A 的作用与 B 所取的水平有关,而 B 的作用也与 A 所取的水平有关。即 A 和 B 不仅各自对结果有影响,而且它们的搭配方式也有影响。把这种影响称为因素 A 和 B 的交互作用,记作 $A \times B$。在双因素试验的方差分析中,不仅要检验水平 A 和 B 的作用,还要检验它们的交互作用。

1)双因素等重复试验的方差分析

设有两个因素 A,B 作用于试验的指标,因素 A 有 r 个水平 $A_1,A_2,\cdots,A_r$,因素 B 有 s 个水平 $B_1,B_2,\cdots,B_s$,现对因素 A,B 的水平的每对组合 (A_i,B_j),$i = 1,2,\cdots,r$;$j = 1,2,\cdots,s$ 都做 $t(t \geq 2)$ 次试验(称为等重复试验),得到表4.8的结果。

表4.8 等重复试验结果

因素 B / 因素 A	B_1	B_2	$\cdots$	B_s
A_1	$x_{111},x_{112},\cdots,x_{11t}$	$x_{121},x_{122},\cdots,x_{12t}$	$\cdots$	$x_{1s1},x_{1s2},\cdots,x_{1st}$
A_2	$x_{211},x_{212},\cdots,x_{21t}$	$x_{221},x_{222},\cdots,x_{22t}$	$\cdots$	$x_{2s1},x_{2s2},\cdots,x_{2st}$
$\vdots$	$\vdots$	$\vdots$		$\vdots$
A_r	$x_{r11},x_{r12},\cdots,x_{r1t}$	$x_{r21},x_{r22},\cdots,x_{r2t}$	$\cdots$	$x_{rs1},x_{rs2},\cdots,x_{rst}$

类似于单因素情况,对这些问题的检验方法也是建立在平方和分解上的。

记

$$\bar{x} = \frac{1}{rst} \sum_{i=1}^{r} \sum_{j=1}^{s} \sum_{k=1}^{t} x_{ijk}$$

$$\bar{x}_{ij\bullet} = \frac{1}{t} \sum_{k=1}^{t} x_{ijk} \qquad i = 1,2,\cdots,r; j = 1,2,\cdots,s$$

$$\bar{x}_{i\bullet\bullet} = \frac{1}{st} \sum_{j=1}^{s} \sum_{k=1}^{t} x_{ijk} \qquad i = 1,2,\cdots,r$$

$$\bar{x}_{\bullet j\bullet} = \frac{1}{rt} \sum_{i=1}^{r} \sum_{k=1}^{t} x_{ijk} \qquad j = 1,2,\cdots,s$$

$$S_{\mathrm{T}} = \sum_{i=1}^{r} \sum_{j=1}^{s} \sum_{k=1}^{t} (x_{ijk} - \bar{x})^2$$

平方和的分解式为

$$S_{\mathrm{T}} = S_{\mathrm{E}} + S_A + S_B + S_{A \times B} \qquad (4.16)$$

其中

$$S_{\mathrm{E}} = \sum_{i=1}^{r} \sum_{j=1}^{s} \sum_{k=1}^{t} (x_{ijk} - \bar{x}_{ij\bullet})^2$$

$$S_A = st \sum_{i=1}^{r} (\bar{x}_{i\bullet\bullet} - \bar{x})^2$$

$$S_B = rt \sum_{j=1}^{s} (\bar{x}_{\bullet j \bullet} - \bar{x})^2$$

$$S_{A \times B} = t \sum_{i=1}^{r} \sum_{j=1}^{s} (\bar{x}_{ij \bullet} - \bar{x}_{i \bullet \bullet} - \bar{x}_{\bullet j \bullet} + \bar{x})^2$$

式中　S_E—— 误差平方和;

　　　S_A, S_B—— 因素 A, B 的效应平方和;

　　　$S_{A \times B}$——A, B 交互效应平方和。

可得出双因素试验的方差分析表4.9。

表4.9　双因素试验的方差分析表

方差来源	平方和	自由度	均方和	F 比
因素 A	S_A	$r-1$	$\bar{S}_A = \dfrac{S_A}{r-1}$	$F_A = \dfrac{\bar{S}_A}{\bar{S}_E}$
因素 B	S_B	$s-1$	$\bar{S}_B = \dfrac{S_B}{s-1}$	$F_B = \dfrac{\bar{S}_B}{\bar{S}_E}$
交互作用	$S_{A \times B}$	$(r-1) \cdot (s-1)$	$\bar{S}_{A \times B} = \dfrac{S_{A \times B}}{(r-1)(s-1)}$	$F_{A \times B} = \dfrac{\bar{S}_{A \times B}}{\bar{S}_E}$
误差	S_E	$rs(t-1)$	$\bar{S}_E = \dfrac{S_E}{rs(t-1)}$	
总和	S_T	$rst-1$		

当给定显著性水平 α 后,根据:

$F_A \geqslant F_\alpha(r-1, rs(t-1))$ 得测试结果为:因素 A 影响显著。

$F_B \geqslant F_\alpha(s-1, rs(t-1))$ 得测试结果为:因素 B 影响显著。

$F_{A \times B} \geqslant F_\alpha(r-1)(s-1), rs(t-1))$ 得测试结果为:因素 $A \times B$ 影响显著。

完成显著性分析。

在实际中,与双因素方差分析类似可按以下较简便的公式来计算 $S_T, S_A, S_B, S_{A \times B}, S_E$:

记

$$T_{\bullet \bullet \bullet} = \sum_{i=1}^{r} \sum_{j=1}^{s} \sum_{k=1}^{t} x_{ijk}$$

$$T_{ij \bullet} = \sum_{k=1}^{t} x_{ijk} \qquad i = 1, 2, 3, \cdots, r; j = 1, 2, \cdots, s$$

$$T_{i \bullet \bullet} = \sum_{j=1}^{s} \sum_{k=1}^{t} x_{ijk} \qquad i = 1, 2, 3, \cdots, r$$

$$T_{\bullet j \bullet} = \sum_{i=1}^{r} \sum_{k=1}^{t} x_{ijk} \qquad j = 1, 2, \cdots, s$$

即有

$$\begin{cases} S_T = \sum_{i=1}^{r} \sum_{j=1}^{s} \sum_{k=1}^{t} x_{ijk}^2 - \dfrac{T_{\cdots}^2}{rst} \\[2mm] S_A = \dfrac{1}{st} \sum_{i=1}^{r} T_{i\cdot\cdot}^2 - \dfrac{T_{\cdots}^2}{rst} \\[2mm] S_B = \dfrac{1}{rt} \sum_{j=1}^{s} T_{\cdot j\cdot}^2 - \dfrac{T_{\cdots}^2}{rst} \\[2mm] S_{A\times B} = \dfrac{1}{t} \sum_{i=1}^{r} \sum_{j=1}^{s} T_{ij\cdot}^2 - \dfrac{T_{\cdots}^2}{rst} - S_A - S_B \\[2mm] S_E = S_T - S_A - S_B - S_{A\times B} \end{cases} \qquad (4.17)$$

例4.5 用不同的生产方法(不同的硫化时间和不同的加速剂)制造的胶体的抗牵拉强度(以kg/cm^2为单位)的观察数据见表4.10。试在显著水平0.10下分析不同的硫化时间(A)、加速剂(B)以及它们的交互作用($A \times B$)对抗牵拉强度有无显著影响。

表4.10　胶体的抗牵拉强度观察数据

140 ℃ 下硫化时间 /s	加速剂		
	甲	乙	丙
40	39,36	41,35	40,30
60	43,37	42,39	43,36
80	37,41	39,40	36,38

解 按题意,$r = s = 3, t = 2, T_{\cdots}, T_{ij\cdot}, T_{i\cdot\cdot}, T_{\cdot j\cdot}$ 的计算见表4.11。

表4.11　数据计算表

加速剂 $T_{ij\cdot}$ 硫化时间	甲	乙	丙	$T_{i\cdot\cdot}$
40	75	80	78	233
60	76	81	79	236
80	70	79	74	223
$T_{\cdot j\cdot}$	221	240	231	692

$$S_T = \sum_{i=1}^{r} \sum_{j=1}^{s} \sum_{k=1}^{t} x_{ijk}^2 - \frac{T_{\cdots}^2}{rst} = 178.44$$

$$S_A = \frac{1}{st} \sum_{i=1}^{r} T_{i\cdot\cdot}^2 - \frac{T_{\cdots}^2}{rst} = 15.44$$

$$S_B = \frac{1}{rt} \sum_{j=1}^{s} T_{\cdot j\cdot}^2 - \frac{T_{\cdots}^2}{rst} = 30.11$$

$$S_{A\times B} = \frac{1}{t} \sum_{i=1}^{r} \sum_{j=1}^{s} T_{ij\cdot}^2 - \frac{T_{\cdots}^2}{rst} - S_A - S_B = 2.89$$

$$S_E = S_T - S_A - S_B - S_{A \times B} = 130$$

得方差分析表,见表 4.12。

表 4.12　方差分析表

方差来源	平方和	自由度	均方和	F 比
因素 A(硫化时间)	15.44	2	7.72	$F_A = 0.53$
因素 B(加速剂)	30.11	2	15.56	$F_B = 1.04$
交互作用 $A \times B$	2.89	4	0.722 5	$F_{A \times B} = 0.05$
误差	130	9	14.44	
总和	178.44			

由于

$$F_{0.10}(2,9) = 3.01 > F_A, F_{0.10}(2,9) = 3.01 > F_B, F_{0.10}(4,9) = 2.69 > F_{A \times B}$$

因此,硫化时间、加速剂以及它们的交互作用对胶体的抗牵拉强度的影响不显著。

2)双因素无重复试验的方差分析

在双因素试验中,如果对每一对水平的组合 $(A_i, B_j)(i = 1, 2, \cdots, r; j = 1, 2, \cdots, s)$ 只作一次试验,即不重复试验,所得结果见表 4.13。

表 4.13　无重复试验结果

因素 B ＼ 因素 A	B_1	B_2	$\cdots$	B_s
A_1	x_{11}	x_{12}	$\cdots$	x_{1s}
A_2	x_{21}	x_{22}	$\cdots$	x_{2s}
$\vdots$	$\vdots$	$\vdots$		$\vdots$
A_r	x_{r1}	x_{r2}	$\cdots$	x_{rs}

记

$$\bar{x} = \frac{1}{rs} \sum_{i=1}^{r} \sum_{j=1}^{s} x_{ij}, \bar{x}_{i \bullet} = \frac{1}{s} \sum_{j=1}^{s} x_{ij}, \bar{x}_{\bullet j} = \frac{1}{r} \sum_{i=1}^{r} x_{ij}$$

平方和分解公式为

$$S_T = S_E + S_A + S_B \tag{4.18}$$

其中

$$S_T = \sum_{i=1}^{r} \sum_{j=1}^{s} (x_{ij} - \bar{x})^2$$

$$S_A = s \sum_{j=1}^{s} (\bar{x}_{i \bullet} - \bar{x})^2$$

$$S_B = r \sum_{j=1}^{s} (\bar{x}_{\bullet j} - \bar{x})^2$$

$$S_{\mathrm{E}} = \sum_{i=1}^{r} \sum_{j=1}^{s} (x_{ij} - \bar{x}_{i\bullet} - \bar{x}_{\bullet j} + \bar{x})^2$$

分别为总平方和、因素 A, B 的效应平方和和误差平方和。

得方差分析表,见表 4.14。

表 4.14　方差分析表

方差来源	平方和	自由度	均方和	F 比
因素 A	S_A	$r - 1$	$\overline{S_A} = \dfrac{S_A}{r-1}$	$F_A = \dfrac{\overline{S_A}}{\overline{S_E}}$
因素 B	S_B	$s - 1$	$\overline{S_B} = \dfrac{S_B}{s-1}$	$F_B = \dfrac{\overline{S_B}}{\overline{S_E}}$
误差	S_E	$(r-1) \cdot (s-1)$	$\overline{S_E} = \dfrac{S_E}{(r-1)(s-1)}$	
总　和	S_T	$rs - 1$		

当给定显著性水平 α 后,根据:

$F_A \geq F_\alpha((r-1),(r-1)\cdot(s-1))$ 得测试结果为:因素 A 影响显著。

$F_B \geq F_\alpha((s-1),(r-1)\cdot(s-1))$ 得测试结果为:因素 B 影响显著。

例 4.6　测试品牌白酒不同酒精含量在各种温度下的挥发值,表 4.15 列出了试验的数据,问试验温度、酒精含量对白酒的挥发值的影响是否显著?($\alpha = 0.01$)

表 4.15　白酒的挥发值实验数据

酒精含量 试验温度 /℃	38%	45%	52%
30	10.6	11.6	14.5
20	7.0	11.1	13.3
10	4.2	6.8	11.5
0	4.2	6.3	8.7

解　由已知,$r = 4, s = 3$,经计算得方差分析表,见表 4.16。

表 4.16　方差分析表

方差来源	平方和	自由度	均方和	F 比
温度作用	64.58	3	21.53	23.79
酒精含量作用	60.74	2	30.37	33.56
试验误差	5.43	6	0.905	
总　和	130.75	11		

由于

$$F_{0.01}(3,6) = 9.78 < F_A, F_{0.01}(2,6) = 10.92 < F_B$$

结果表明,试验温度、酒精含量对白酒的挥发值影响是显著的。

案例分析与讨论题

1.某一工艺参数分 4 个水平进行单因素试验,每个水平重复试验 3 次,试验结果见表 4.17。试判断因素对指标影响的显著性。

表 4.17 试验结果

因素水平＼重复次数	1	2	3	T_i	T_{i2}
A_1	9	-9	3	3	9
A_2	10	30	20	60	3 600
A_3	0	-4	-2	-6	36
A_4	-5	-2	0	-7	49
$\sum$				50	3 694

解 $k = 4, n = 3, C_T = \dfrac{T^2}{N} = \dfrac{50^2}{4 \times 3} = 208$

$$SS_T = \sum \sum x_{ji}^2 - C_T = 1\ 620 - 208 = 1\ 412, f_T = N - 1 = 4 \times 3 - 1 = 11$$

$$SS_A = \frac{1}{n} \sum_i T_i^2 - C_T = \frac{3\ 694}{3} - 208 = 1\ 023, f_A = k - 1 = 4 - 1 = 3$$

$$SS_e = SS_T - SS_A = 1\ 412 - 1\ 023 = 389, f_e = f_T - f_A = 11 - 3 = 8$$

得方差分析表,见表 4.18。

表 4.18 方差分析表

方差来源	SS	f	MS	F	显著性
因素 A	1 023	3	341	7	$\alpha = 0.05$
误差 E	389	8	49		
总和 T	1 412	11			

因此,得

$$F_{0.05}(3,8) = 4.07$$

由此可知,工艺参数高到达显著水平。

2.某一食品的生产设备分 5 个水平进行单因素试验,每个水平重复试验 5 次,试验结果见表 4.19。试判断因素对指标影响的显著性。

表 4.19　试验原始数据

因素水平 \ 重复次数	1	2	3	4	5
A_1	14.0	14.1	14.2	14.0	14.1
A_2	13.9	13.8	13.9	14.0	14.0
A_3	14.1	14.2	14.1	14.0	13.9
A_4	13.6	13.8	14.0	13.9	13.7
A_5	13.8	13.6	13.9	13.8	14.0

解　方差分析表见,见表 4.20。

表 4.20　方差分析表

方差来源	SS	f	MS	F	显著性
因素 A	0.342	4	0.086	5.79	$\alpha = 0.01$
误差 E	0.295	20	0.015		
总和 T	0.637	24			

因此,得

$$F_{0.01}(4,20) = 4.43$$

由此可知,几台设备产量差异高度显著。

3. 某一食品的生产量主要由生产时的室内温度和工作人员的熟练程度所决定,实验在 5 个不同温度(因素 A)和 3 个不同工作人员(因素 B)的条件下完成,试验结果见表 4.21。试判断因素对指标影响的显著性。

表 4.21　试验结果

因素 A \ 因素 B	B_1	B_2	B_3
A_1	20.3	16.4	21.1
A_2	32.5	31.2	29.3
A_3	43.7	44.1	40.5
A_4	52.6	49.3	55.2
A_5	50.8	55.2	52.0

解　方差分析表见表 4.22。

表 4.22　方差分析表

方差来源	SS	f	MS	F	显著性
因素 A	2 453.047	4	613.262	87.20	$\alpha = 0.01$
因素 B	1.522	2	0.761	0.11	不显著
误差 E	56.259	8	7.032		
总和 T	2 510.828	14			

因此,得

$$F_{0.01}(4,8) = 7.01, F_{0.1}(2,8) = 3.11$$

由此可知,温度的影响高度显著,试验人员间无差异。

 反思与练习

1.研究 6 种氮肥施用法对小麦的效应,每种施肥法种 5 盆小麦,完全随机设计(见表 4.23)。最后测定它们的含氮量(mg),试作方差分析。

表 4.23

施氮法					
1	2	3	4	5	6
12.9	14.0	12.6	10.5	14.6	14.0
12.3	13.8	13.2	10.8	14.6	13.3
12.2	13.8	13.4	10.7	14.4	13.7
12.5	13.6	13.4	10.8	14.4	13.5
12.7	13.6	13.0	10.5	14.4	13.7

2.某水产研究所为了比较 4 种不同配合饲料对鱼的饲喂效果,选取了条件基本相同的鱼 16 尾,随机分成 4 组,投喂不同饲料,经一个月试验以后,各组鱼的增重结果列于表 4.24。

表 4.24

饲　料	鱼的增重(x_{ij})			
A_1	31.9	27.9	31.8	28.4
A_2	24.8	25.7	26.8	27.9
A_3	22.1	23.6	27.3	24.9
A_4	27.0	30.8	29.0	24.5

试检验不同配合饲料对鱼的饲喂效果是否有显著影响（取 $\alpha = 0.05$）？运算结果要求列出方差分析表，并给出检验结论。

3. 用生长素处理豌豆，共 6 个处理。豌豆种子发芽后，移植 24 株，分成 4 组，每组 6 个木箱，每箱 1 株 1 个处理。试验共有 4 组 24 箱，试验时按组排列于温室中，使同组各箱的环境条件一致。然后记录各箱见第一朵花时 4 株豌豆的总节间数，其结果见表 4.25。

试检验 5 种药剂对豌豆总节间数影响有无显著差异（取 $\alpha = 0.05$）。

表 4.25

处 理	组				总 和	平 均
	1	2	3	4		
对照	60	62	61	60	243	60.8
赤霉素	65	65	68	65	263	65.8
动力精	63	61	61	60	245	61.3
吲哚乙酸	64	67	63	61	255	63.8
硫酸腺嘌呤	62	65	62	64	253	63.3
马来酸	61	62	62	65	250	62.5
总 和	375	382	377	375	$T = 1\ 509$	

任务 4.2　一元回归分析

4.2.1　相关分析

1）变量关系的类型

在大量变量关系中，存在着两种不同的类型：函数关系和相关关系。

函数关系是指变量之间存在的一种完全确定的一一对应的关系，它是一种严格的确定性的关系。

相关关系是指两个变量或者若干变量之间存在着一种不完全确定的关系，它是一种非严格的确定性的关系。

两者之间的联系如下：

①由于人类的认知水平的限制，有些函数关系可能目前表现为相关关系。

②对具有相关关系的变量进行量上的测定需要借助于函数关系。

2）相关关系的种类

相关关系的种类如图 4.1 所示。

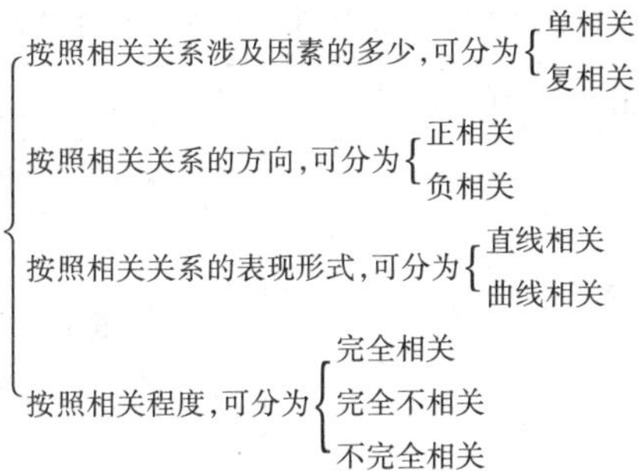

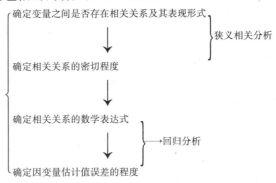

图 4.1　相关关系的种类

3）相关分析的内容

对于相关关系的分析可借助于若干分析指标（如相关系数或相关指数）对变量之间的密切程度进行测定，这种方法通常被称作相关分析（狭义概念）。广义的相关分析还包括回归分析。对于存在的相关关系的变量，运用相应的函数关系来根据给定的自变量来估计因变量的值，这种统计分析方法通常称为回归分析。相关分析和回归分析都是对现象之间相关关系的分析。广义相关分析包括的内容如图 4.2 所示。

图 4.2　广义相关分析的内容

4）相关关系密切程度的测定

在判断相关关系密切程度之前，首先确定现象之间有无相关关系。确定方法有：一是根据自己的理论知识和实践经验综合分析判断；二是用相关图表进一步确定现象之间相关的方向和形式。在此基础上，通过计算相关系数或相关指数来测定相关关系密切的程度。相关系数是用来说明直线相关的密切程度；相关指数则是用来判断曲线相关的密切程度。这是主要介绍相关系数的计算。

相关系数是用来分析判断直线相关的方向和程度的一种统计分析指标，其计算方法中最简单、最常用的为积差法，是用两个变量的协方差与两变量的标准差的乘积之比来计算的，计算公式为

$$r = \frac{\sum\limits_{i=1}^{n}(x_i - \bar{x})(y_i - \bar{y})}{\sqrt{\sum\limits_{i=1}^{n}(x_i - \bar{x})^2(y_i - \bar{y})^2}}$$

相关系数的取值范围是：$-1 \leqslant r \leqslant 1$ 正的表示正相关，负的表示负相关。利用相关系数判断相关关系的密切程度，见表 4.26。

表 4.26　利用相关系数判断相关关系的密切程度

相关系数的值	直线相关程度
$\mid r \mid = 0$	完全不相关
$0 < \mid r \mid \leqslant 0.3$	微弱相关
$0.3 < \mid r \mid \leqslant 0.5$	低度相关
$0.5 < \mid r \mid \leqslant 0.8$	显著相关
$0.8 < \mid r \mid < 1$	高度相关
$\mid r \mid = 1$	完全相关

4.2.2　一元线性回归分析

1)回归分析的基本概念

客观世界中普遍存在着变量间的关系,而变量间的关系一般可分为两类:确定性关系和非确定性关系。

确定性关系:可用函数来表示的变量间关系。

非确定性关系:不能用函数来表示的变量间关系,也称为相关关系或统计关系。例如,身高与体重之间的关系。一般来说,人高一些,体重要重一些,但同样身高的人,体重往往不相同。又如,人的血压与年龄之间的关系,树高与生长时间之间的关系,以及商品的销售量与单价之间的关系等都是相关关系。

按照所研究的变数在图形上表现出来的特点,将回归与相关分为直线回归和直线相关与曲线回归和曲线相关两种类型:如两个变数之间的关系大体表现为直线关系的为直线回归和直线相关;两个变数之间的关系可用曲线来描述的是曲线回归和曲线相关。本章将讨论有一定联系的两个变数的直线回归与直线相关的有关问题。

对于具有一定联系的两个变数,可分别用变数符号 y 和 x 表示。对具有统计关系的两个变数的资料进行初步考察的简便而有效的方法是画出资料的散点图(scatter diagram),也就是将这两个变数的 n 对观察值 $(x_1, y_1), (x_2, y_2), \cdots, (x_n, y_n)$ 分别以坐标点的形式标记于同一平面直角坐标系中,获得散点图。根据散点图可初步判定两个变数 x 和 y 之间的关系,如图 4.3 所示。

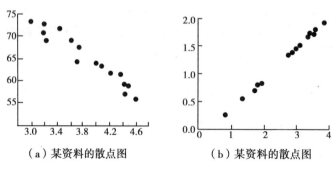

（a）某资料的散点图　　　　（b）某资料的散点图

图 4.3　资料的散点图

对具有相关关系的两个变数,统计分析的任务是由试验数据推算得一个表示 y 随 x 的改变而改变的方程式 $\hat{y} = f(x)$(regression equation of y on x),式中 $\hat{y}$ 表示由该方程估得在给定 x 时的理论 y 值,方程式 $\hat{y} = f(x)$ 为回归方程式,以计算回归方程为基础的统计分析方法称为回归分析(regression analysis)。回归分析是指通过试验和观测去寻找隐藏在变量间相关关系的一种数学方法,是研究变量间相关关系的一种有力的数学工具。

例 4.7 为研究某一化学反应过程中,温度 x(℃) 对产品得率 y(%) 的影响,测得数据见表 4.27。

表 4.27 某化学反应测的数据

温度 x/℃	100	110	120	130	140	150	160	170	180	190
得率 y/%	45	51	54	61	66	70	74	78	85	89

这里自变量 x 是普通变量,y 是随机变量。画出散点图如图 4.4 所示。

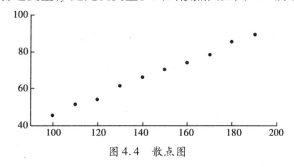

图 4.4 散点图

由图 4.4 可知,随着温度 x 的增加,产品得率 y 也增加,且这些点 (x_i, y_i) $(i = 1, 2, \cdots, 10)$ 近似在一条直线附近,但又不完全在一条直线上。引起这些点 (x_i, y_i) 与直线偏离的原因有两个:一是本身温度和产品得率存在的内在关系;二是在温度 x_i 下观察产品得率存在着一些不可控制的因素。

这样可把观测结果 y 看成是由两部分叠加而成的:一部分是由 x 的线性函数引起的,记为 $a + bx$,其中 a, b 还需要估计;另一部分是由随机因素引起的,记为 ε,即

$$y = a + bx + \varepsilon \tag{4.19}$$

这就是一元回归方程模型。

2)一元线性回归方程

在式(4.19)中 x 是一般变量,它可以精确测量或加以控制,y 是可观测其值的随机变量,a, b 是未知参数,ε 是不可观测的随机变量。

通过观测,获得了 n 组独立的观测数据 (x_i, y_i),$i = 1, 2, \cdots, n$,当由观测值获得未知参数 a, b 的估计 $\hat{a}, \hat{b}$ 后,得到的方程

$$\hat{y} = \hat{a} + \hat{b}x \tag{4.20}$$

称为 $\hat{y}$ 关于 x 的**一元线性回归方程**。

式(4.20)读作"y 依 x 的直线回归方程",其中 x 是自变数;$\hat{y}$ 是和 x 的量相对应的依变数

的点估计值;$\hat{a}$ 叫回归截距(regression intercept),是 $x = 0$ 时的 $\hat{y}$ 值,即回归直线在 y 轴上的截距;$\hat{b}$ 叫回归系数(regression coefficient),是 x 每增加一个单位数时,$\hat{y}$ 平均地将要增加($\hat{b} > 0$ 时)或减少($\hat{b} < 0$ 时)的单位数。

下面的任务是对 a、b 的估计:取 x 的 n 个不全相同的取值 $x_1, x_2, \cdots, x_n$,作 n 次独立试验,得到观测值

$$(x_1, y_1), (\dot{x}_2, y_2), \cdots, (x_n, y_n) \tag{4.21}$$

利用最小二乘法,经过计算可得

$$\begin{cases} \hat{b} = \dfrac{n \sum\limits_{i=1}^{n} x_i y_i - (\sum\limits_{i=1}^{n} x_i)(\sum\limits_{i=1}^{n} y_i)}{n \sum\limits_{i=1}^{n} x_i^2 - (\sum\limits_{i=1}^{n} x_i)^2} = \dfrac{\sum\limits_{i=1}^{n} (x_i - \bar{x})(y_i - \bar{y})}{\sum\limits_{i=1}^{n} (x_i - \bar{x})^2} \\[4mm] \hat{a} = \dfrac{1}{n} \sum\limits_{i=1}^{n} y_i - \dfrac{\hat{b}}{n} \sum\limits_{i=1}^{n} x_i = \bar{y} - \hat{b} \bar{x} \end{cases} \tag{4.22}$$

其中

$$\bar{x} = \frac{1}{n} \sum_{i=1}^{n} x_i, \bar{y} = \sum_{i=1}^{n} y_i$$

为了计算上的方便,引入记号

$$S_{xx} = \sum_{i=1}^{n} (x_i - \bar{x})^2 = \sum_{i=1}^{n} x_i^2 - \frac{1}{n}(\sum_{i=1}^{n} x_i)^2$$

$$S_{yy} = \sum_{i=1}^{n} (y_i - \bar{y})^2 = \sum_{i=1}^{n} y_i^2 - \frac{1}{n}(\sum_{i=1}^{n} y_i)^2$$

$$S_{xy} = \sum_{i=1}^{n} (x_i - \bar{x})(y_i - \bar{y}) = \sum_{i=1}^{n} x_i y_i - \frac{1}{n}(\sum_{i=1}^{n} x_i)(\sum_{i=1}^{n} y_i)$$

这样,a 和 b 的估计值可写为

$$\hat{b} = \frac{S_{xy}}{S_{xx}} \tag{4.23}$$

$$\hat{a} = \frac{1}{n} \sum_{i=1}^{n} y_i - (\frac{1}{n} \sum_{i=1}^{n} x_i) \hat{b} \tag{4.24}$$

例 4.8　求例 4.7 中变量 y 关于 x 的线性回归方程。

解　$n = 10$,经计算得

$$\sum_{i=1}^{10} x_i = 1\ 450, \sum_{i=1}^{10} y_i = 673$$

$$\sum_{i=1}^{10} x_i^2 = 218\ 500, \sum_{i=1}^{10} y_i^2 = 47\ 225, \sum_{i=1}^{10} x_i y_i = 101\ 570$$

$$S_{xx} = 218\ 500 - \frac{1}{10} \times 1\ 450^2 = 8\ 250$$

$$S_{xy} = 101\ 570 - \frac{1}{10} \times 1\ 450 \times 673 = 3\ 985$$

故得

$$\hat{b} = \frac{S_{xy}}{S_{xx}} = 0.483\,03$$

$$\hat{a} = \frac{1}{10} \times 673 - \frac{1}{10} \times 1\,450 \times 0.483\,03 = -2.739\,35$$

于是,得到回归直线方程

$$\hat{y} = -2.739\,35 + 0.483\,03x$$

上述直线回归方程中的意义为:温度每升高 $1°$,产品得率约提高 0.48%。

3)一元线性回归方程的显著性检验

在以上的讨论中,假如 x 和 y 变数总体并不存在直线回归关系,那么随机抽取的一个样本用上述方法也能算得一个直线方程 $\hat{y} = \hat{a} + \hat{b}x$。显然,这样的回归方程是靠不住的。因此,对于样本的回归方程,应测定其来自无直线回归关系总体的概率大小,只有当这种概率小于 0.05 或 0.01 时,才能冒较小的危险确认其所代表的总体存在着直线回归关系。对于回归关系的显著性测验,通常采用 t 测验和 F 测验。

t 测验的过程如下:

记

$$s_{y/x} = \sqrt{\frac{\sum_{i=1}^{n}(y_i - \hat{y}_i)^2}{n-2}} = \sqrt{\frac{S_{yy} - \frac{(S_{xy})^2}{S_{xx}}}{n-2}} \qquad (4.25)$$

$$s_b = \sqrt{\frac{s_{y/x}^2}{\sum_{i=1}^{n}(x_i - \bar{x})^2}} = \frac{s_{y/x}}{\sqrt{S_{xx}}} \qquad (4.26)$$

式中　$s_{y/x}$——回归估计标准误;

　　　s_b——回归系数标准误。

① 规定显著水平:$\alpha = 0.05$ 或 $\alpha = 0.01$。

② 测验计算:计算 t 值,其计算公式为

$$t = \frac{\hat{b}}{s_b} \qquad (4.27)$$

③ 推断:计算出样本回归系数的 t 值后,与 t 值表中的 t_α 相比较,以确定样本的 t 值在 t 分布中出现的概率。此 t 值遵循 $\nu = n - 2$ 的 t 分布。如果:

$|t| < t_{0.05}$,$P > 0.05$,即可认为该样本回归方程是其来自于无显著直线回归关系的总体。

$t_{0.05} < |t| < t_{0.01}$,$P < 0.05$,即认为该回归方程是来自于有显著直线回归关系的总体。

$|t| > t_{0.01}$,$P < 0.01$,即认为该回归方程是来自于有极显著直线回归关系的总体。

F 测验的过程如下:

记

$$SS = S_{yy} = \sum_{i=1}^{n}(y_i - \bar{y})^2 = \sum_{i=1}^{n}y_i^2 - \frac{1}{n}\left(\sum_{i=1}^{n}y_i\right)^2 F > F_\alpha(1, n-2)$$

$$SS_R = \sum_{i=1}^{n}(\hat{y}_i - \bar{y})^2 = \hat{b} \cdot \sum_{i=1}^{n}(x_i - \bar{x})^2 = \hat{b} \cdot S_{xx}$$

$$SS_E = \sum_{i=1}^{n} (y_i - \hat{y}_i)^2$$

称 SS 为总偏差平方和,称 SS_E 为残差平方和,称 SS_R 为回归平方和。

平方和分解公式为

$$SS = SS_E + SS_R \tag{4.28}$$

则有方差分析表,见表 4.28。

表 4.28　方差分析表(一元正态线性模型)

方差来源	平方和	自由度	F 值
回归系数	$SS_R = \sum_{i=1}^{n} (\hat{y}_i - \bar{y})^2$	1	$F = \dfrac{SS_R}{SS_E/(n-2)}$
残差	$SS_E = \sum_{i=1}^{n} (y_i - \hat{y}_i)^2$	$n-2$	
总　和	$SS = \sum_{i=1}^{n} (y_i - \bar{y})^2$	$n-1$	

若 F 取的值较大时,表示 SS_R 相对较大,而 SS_E 相对较小,即 y 与 x 的线性关系起主导作用,可认为 x 与 y 之间有线性关系;若 F 取的值较小时,则 SS_R 相对较小,而 SS_E 相对较大,即随机误差起主导作用,说明 x 与 y 之间没有线性关系。

因此,在显著性水平 α 下,由

$$F > F_\alpha(1, n-2)$$

即认为回归效果显著,即回归方程是有意义的。

例 4.9　检验例 4.8 中回归方程的回归效果是否显著,取 $\alpha = 0.05$。

解　由例 4.8 和例 4.9 可知 $\hat{b} = 0.483\,03$,$S_{xx} = 8\,250$,$s_{y/x}^2 = 0.9$,故

$$s_b = \sqrt{\frac{s_{y/x}^2}{\sum_{i=1}^{n} (x_i - \bar{x})^2}} = \sqrt{\frac{0.90}{8\,250}}$$

则

$$|t| = \frac{0.483\,03}{\sqrt{0.90}} \times \sqrt{8\,250} = 46.25$$

查表得

$$t_{0.05/2}(n-2) = t_{0.025}(8) = 2.306\,0$$

因为 $|t| = 46.25 > 2.306\,0$,认为回归效果是显著的。

案例分析与讨论题

有一试验,其参数 x 与指标 y 的对应关系见表 4.29,试进行一元线性回归分析。

表 4.29

序号	x	y	x^2	y^2	xy
1	15.0	39.4	225.00	1 552.36	591.00
2	25.8	42.9	665.64	1 840.41	1 106.82
3	30.0	41.0	900.00	1 681.00	1 230.00
4	36.6	43.1	1 339.56	1 857.61	1 577.46
5	44.4	49.2	1 971.36	2 420.64	2 184.48
$\sum$	151.8	215.6	5 101.56	9 352.02	6 689.76

解　$N = 5, \bar{x} = \dfrac{1}{N} \sum x_i = \dfrac{151.8}{5} = 30.36, \bar{y} = \dfrac{1}{N} \sum y_i = \dfrac{215.6}{5} = 43.12$

$$L_{xx} = \sum x_i^2 - \dfrac{1}{N}\left(\sum x_i\right)^2 = 5\ 101.56 - \dfrac{151.8^2}{5} = 492.92$$

$$L_{yy} = \sum y_i^2 - \dfrac{1}{N}\left(\sum y_i\right)^2 = 9\ 352.02 - \dfrac{215.6^2}{5} = 55.35$$

$$L_{xy} = \sum x_i y_i - \dfrac{1}{N}\sum x_i \sum y_i = 6\ 689.76 - \dfrac{151.8 \times 215.6}{5} = 144.15$$

$$b_1 = \dfrac{L_{xy}}{L_{xx}} = \dfrac{144.15}{492.92} = 0.29$$

$$b_0 = \bar{y} - b_1 \bar{x} = 43.12 - 0.29 \times 30.36 = 34.32$$

$$y = 34.32 + 0.29x$$

$$SS_{总} = L_{yy} = 55.35, \quad f_{总} = N - 1 = 5 - 1 = 4$$

$$SS_{回} = b_1 L_{xy} = 0.29 \times 144.15 = 41.80, \quad f_{回} = 1$$

$SS_{剩} = SS_{总} - SS_{回} = 55.35 - 41.80 = 13.55, \quad f_{剩} = f_{总} - f_{回} = 4 - 1 = 3$

方程检验表见表 4.30。

表 4.30

方差来源	SS	f	MS	F	显著性
回归	41.80	1	41.80	9.25	$\alpha = 0.1$
剩余	13.55	3	4.52		
总　体	55.35	4			

因此得

$$F_{0.1}(1,3) = 5.54$$

反思与练习

1. 抽取由 10 名大学生组成的随机样本,研究他们在高中与大学的英语成绩得出表 4.31 的结果。

表 4.31

高考成绩/分 x	40	60	95	88	76	83	98	80	95	68
大学成绩/分 y	50	72	95	90	75	88	95	83	90	73

试用相关系数 r 测定其相关程度。

2. 表 4.32 是几家百货商店销售额和利润率的资料,试进行一元线性回归分析。

表 4.32

商店编号	每人月平均销售额/千元	利润率/%
1	6	12.6
2	5	10.4
3	8	18.5
4	1	3.0
5	4	8.1
6	7	16.3
7	6	12.3
8	3	6.2
9	3	6.6
10	7	16.8
合计	50	—

任务 4.3　优选法

关于最佳点的选择问题,通常称为选优问题。

在实践中,人们往往通过做实验的方法来寻找各种因素的最佳点,这种方法称为试验方法。

在实践中的许多情况下,试验结果与因素的关系,要么很难用数学形式来表达,要么表达式很复杂,优选法与试验设计是解决这类问题的常用的数学方法。

优选法就是根据生产和科研中的不同问题,利用数学原理,合理安排试验,以求迅速找到最佳点的科学的试验方法。

试验设计也是一种运用数学原理进行实验的方法,它是考虑在多因素的情况下,如何帮助人们通过较少的试验次数得到较好的因素组合,形成较好的试验方案。

4.3.1　单因素优选法

1)均分法

均分法是在试验范围 $[a,b]$ 内,根据精度要求和实际情况,均匀地排开试验点,在每一个试验点上进行试验,并相互比较,以求得最优点的方法。

做法:如试验范围 $L = b - a$,试验点间隔为 N,则试验点 n 为(包含两个端点)

$$n = \frac{L}{N} + 1 = \frac{b - a}{N} + 1$$

例 4.10 对采用新工艺的玻璃瓶进行磨削加工,砂轮转速范围为 420 ~ 720 r/min,拟经过试验找出能使光洁度最佳的砂轮转速值。

解 $N = 30$ r/min

$$n = \frac{(b - a)}{N} + 1 = \frac{720 - 420}{30} + 1 = 11$$

故试验转速为 420,450,480,510,540,570,600,630,660,690,720 r/min。

2)0.618 法(黄金分割法)

黄金分割法是在试验范围 $[a, b]$ 内,首先安排两个试验点,再根据两点试验结果,留下好点,去掉不好点所在的一段范围,再在余下的范围内寻找好点,去掉不好的点,如此继续地做下去,直到找到最优点为止。

在分数法中,$\dfrac{f_n}{f_{n+1}}$ 的值可随着 n 的增大而接近 0.618,因此在没有明确要求试验次数或可进行较多次数的试验时,每次试验都选取黄金分割点(取值为 0.618 的点)和其对称点 0.382 进行试验。对两者试验结果进行比较,如果 0.618 好于 0.382,舍去区间 $[0, 0.382]$,否则舍去区间 $[0.618, 1]$,无论去掉哪一个区间,都得到一个新的区间,总有一个试验点留在这个区间中。再在其对称点处做试验,依次下去,可以用最少的次数得到满意的结果。

分数法和 0.618 法都是先做两次试验,再通过比较,找出最好点所在的位置的范围。通过这种方法来不断地将试验范围缩小,最后找到最佳点。

0.618 法的做法:如图 4.5 所示,第一个试验点 x_1 设在范围 $[a, b]$ 的 0.618 位置上,第二个试验点 x_2 取成 x_1 的对称点,则

$$x_1 = (大 - 小) \times 0.618 + 小 = (b - a) \times 0.618 + a \tag{4.29}$$

$$x_2 = (大 + 小) - 第一点(即前一点) = (b + a) - x_1 \tag{4.30}$$

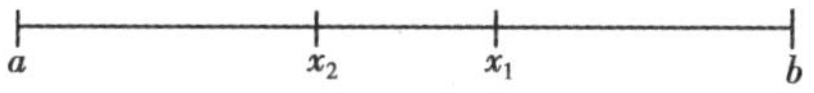

图 4.5

第三个试验点的安排有以下 3 种情形:

① x_1 是好点,则划去 $[a, x_2]$,保留 $[x_2, b]$。x_1 的对称点 x_3,在 x_3 安排第三次试验(见图 4.6)。

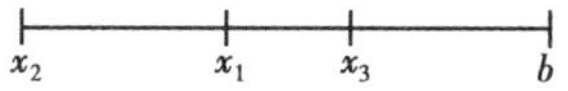

图 4.6

$$x_3 = 大 + 小 - 前一点 = b + x_2 - x_1 \tag{4.31}$$

② x_2 是好点,则划去 $[x_1, b]$,保留 $[a, x_1]$。第三个试验点 x_3 应是好点 x_2 的对称点(见图 4.7)。

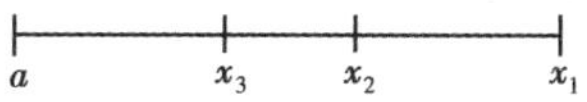

图 4.7

$$x_3 = 大 + 小 - 前一点 = x_1 + a - x_2 \tag{4.32}$$

③如果 $f(x_1)$ 和 $f(x_2)$ 一样,则应该具体分析,看最优点可能在哪边,再决定取舍。一般情况下,可同时划掉 $[a,x_2]$ 和 $[x_1,b]$,仅留中间的 $[x_2,x_1]$,把 x_2 看成新 a,x_1 看成新 b,然后在范围 $[x_2,x_1]$ 内 $0.382,0.618$ 处重新安排两次试验。

无论何种情况,在新的范围内,又有两次试验可以比较。根据试验结果,再去掉一段或两段试验范围,在留下的范围中再找好点的对称点,安排新的试验。

这个过程重复进行下去,直到找出满意的点,得出比较好的试验结果;或者留下的试验范围已很小,再做下去试验差别不大时也可终止试验。

例 4.11 炼某种合金钢,需添加某种化学元素以增加强度,加入范围为 1 000 ~ 2 000 g。求最佳加入量。

解 第一步,先在试验范围长度的 0.618 处做第一个试验,试验点由式(4.37)计算,即

$$x_1 = (大 - 小) \times 0.618 + 小 = a + (b-a) \times 0.618 = 1\,000\,g + (2\,000\,g - 1\,000\,g) \times 0.618 = 1\,618\,g$$

第二步,第二个试验点由式(4.38)计算,即

$$x_2 = 大 + 小 - 第一点 = 2\,000\,g + 1\,000\,g - 1\,618\,g = 1\,382\,g$$

$$x_1 = 1\,618\,克, x_2 = 1\,382\,g$$

第三步,比较第一与第二两点上所做试验的效果,现在假设第一点比较好,就去掉第二点,即去掉 $[1\,000,1\,382]$ = 那一段范围。留下 $[1\,382,2\,000]$,则

$$x_3 = 大 + 小 - 第一点 = 1\,382\,g + 2\,000\,g - 1\,618\,g = 1\,764\,g$$

第四步,比较在上次留下的好点,即第一处和第三处的试验结果,看哪个点好,然后就去掉效果差的那个试验点以外的那部分范围,留下包含好点在内的那部分范围作为新的试验范围,……如此反复,直到得到较好的试验结果为止。

可知,每次留下的试验范围是上一次长度的 0.618 倍,随着试验范围越来越小,试验越趋于最优点,直到达到所需精度即可。

3) 对分法

对分法是适用于试验范围 $[a,b]$ 内,目标函数为单调(连续或间断)的情况下,求最优点的方法。每次选取因素所在试验范围 $[a,b]$ 的中点处 C 做试验。

根据试验结果,如下次试验在高处(取值大些),就把此试验点(中点)以下的一半范围划去;如下次试验在低处(取值小些),就把此试验点(中点)以上的一半范围划去。每试验一次,试验范围缩小一半,重复做下去,直到找出满意的试验点为止。

例 4.12 蒸馒头究竟放多少碱合适(碱少会酸,碱多会发黄有碱味)?

首先估计用碱量的范围,如 4 份到 12 份。第一次在 4 ~ 12 份的中点 8 份处做一次试验,如果蒸出来的馒头发酸,说明碱放少了。第二次就在 8 ~ 12 份的中点 10 份处做第二次试验,结果馒头不酸,但发黄,说明碱放多了。第三次就在 8 ~ 10 份的中点 9 份处做试验,如果蒸出来的馒头合适,则碱量就定在 9 份。

概括来说,上述方法就是先确定试验范围,第一次取其中点,视其大小决定取舍区间。在保留的区间内再取中点,再看其大小决定取舍区间,这样继续下去就可找到所要求的点。

4) 分数法

在试验次数给定的情况下,分数法是解决单因素问题的最优方法。

下面以 3 次试验为例。

做 n 次试验时, 第一次试验选在试验范围的 $\dfrac{f_n}{f_{n+1}}$ 处, 第二次试验选择它的对称点。依此下去, 最终其误差不超过 $\dfrac{1}{f_{n+1}}$。其中 $\{f_n\}$ 为 $1, 2, 3, 5, 8, \cdots$。

分数法的做法: 所有可能的试验总数正好是某个 F_{n-1}:

第一步, 前两个试验点放在试验范围的 F_{n-1}, F_{n-2} 的位置上, 也就是先在第 F_{n-1}, F_{n-2} 点上做试验(见图 4.8)。

图 4.8

比较这两个试验的结果, 如果第 F_{n-1} 点好, 划去第 F_{n-2} 点以下的试验范围; 如果第 F_{n-2} 点好, 划去 F_{n-1} 点以上的试验范围。

第二步, 在留下的试验范围中, 还剩下 $F_{n-1} - 1$ 个试验点, 重新编号, 其中第 F_{n-2} 和 F_{n-3} 个分点, 有一个是刚好留下的好点, 另一个是下一步要做的新试验点, 两点比较后同前面的做法一样, 从坏点把试验范围切开, 短的一段不要, 留下包含好点的长的一段, 这时新的试验范围就只有 $F_{n-2} - 1$ 个试验点。

第三步, 以后的试验按照上面的步骤重复进行, 直到试验范围内没有更好的为止。

例 4.13 假设某混凝沉淀试验, 所用的混凝剂为某阳离子型聚合物与硫酸铝, 硫酸铝的投入量恒定为 10 mg/L, 而某阳离子聚合物的可能投加量分别为 0.10, 0.15, 0.20, 0.25, 0.30 mg/L。试利用分数法来安排试验, 确定最佳阳离子型聚合物的投加量。

解 根据题意可知, 可能的试验总次数为 5 次。由裴波那契数列可知, 有

$$F_5 - 1 = 8 - 1 = 7$$
$$F_4 - 1 = 5 - 1 = 4$$

故

$$F_4 - 1 = 4 < 5 < F_5 - 1 = 7$$

①首先需要增加两个虚设点, 使其可能的试验总次数为 7 次, 虚设点可安排在试验范围的一端或两端。假设安排在两端, 即一端一个虚设点。

②第一个试验点选在第 5 个分点 0.25 mg/L; 第二个试验点在第 3 个分点 0.15 mg/L。假设 1 点好, 划去 3 分点以下的, 再重新编号。

③1 点和 3 点比较, 假设 3 点好, 划去 2 分点以下的, 再重新编号。

④此时第四个试验点为虚设点, 直接认定它的效果比 3 点差, 即 3 点好。试验结束, 定下该阳离子型聚合物的最佳投加量为 0.30 mg/L。

4.3.2 双因素优选法

1) 对开法

两因素时, 假设优选范围为长方形, 即

$$a < x < b, c < y < d$$

在此长方形的纵横两根中线 $x = (a+b)/2, y = (c+d)/2$ 上用单因素方法求出最优点 P 和 Q。如果 Q 较大,去掉 $x < (a+b)/2$ 部分,否则去掉另一半,逐步得到所需结果,如图 4.9 所示。

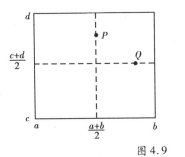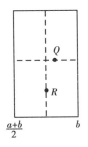

图 4.9

例 4.14 某化工厂试制磺酸钡,其原料磺酸是磺化油经乙醇水溶液萃取出来的,试验目的是选择乙醇水溶液的合适浓度和用量,使分离出的磺酸最多。根据经验,乙醇水溶液浓度变化范围为 50% ~ 90%(体积百分比),用量范围为 30% ~ 70%(质量百分比)。

做法:先横向对折,即将乙醇用量固定在 50%,用单因素的 0.618 法选取最优浓度为 80%(见图 4.7(a))的点 A。而后纵向对折,将浓度固定在 70%,用 0.618 法对用量进行优选,结果是点 B 较好。比较点 A 与点 B 的试验结果,点 A 比点 B 好,于是丢掉试验范围下边的一半。在剩下的范围内再上下对折,将浓度固定在 80%,对用量进行优选,结果不如点 A 好,于是找到了好点,即点 A,试验至此结束(见图 4.10)。

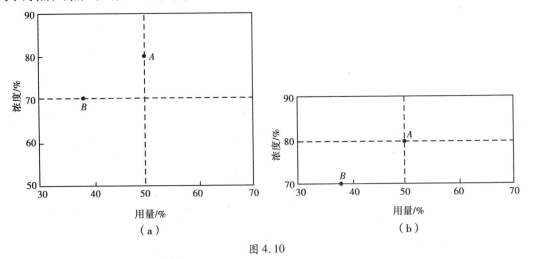

图 4.10

2) 旋升法

优选范围:一矩形,即

$$a < x < b, c < y < d$$

做法:先在一条中线,如 $x = (a+b)/2$ 上,用单因素法求得最大值,假定在 P_1 点取得最大值,然后过 P_1 点作水平线,在这条水平线上进行单因素优选,找到最大值,假定在 P_2 处取得最大值,这时应去掉通过 P_1 点的直线所分开的不含 P_2 点的部分;又通过 P_2 点的垂线上找最大值,假定在 P_3 处取得最大值,此时应去掉 P_2 的上部分,继续找下去,直到找到最佳点(因素的先后顺序按各因素对试验结果影响的大小顺序)。

优选方法如图 4.11 所示。

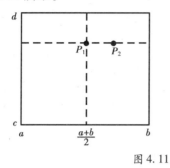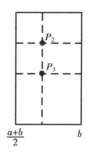

图 4.11

3)平行线法

在实际问题中,经常会遇到由于设备或其他种种条件的限制而有一个因素不容易调整。例如,一个是浓度,一个是流速,调整浓度就比调整流速困难。在这种情形下,采用平行线法比较优越。

这个方法是:把不易调整的一个因素固定在某个位置,对易于调整的另一个因素进行优选,比较结果,得到最好点。

优选范围为

$$a < x < b, c < y < d$$

优选方法是:先将 y 固定在范围 $[c,d]$ 的 0.618 处用单因素法找最大值,假定在 P 点取得这一值,再把 y 固定在范围 $[c,d]$ 的 0.382 处,用单因素法找到最大值,假定在 Q 点取得该值。如果 $P > Q$ 则去掉 Q 点下面的部分,否则去掉 P 点上面的部分,再用同样的方法处理余下的部分。

优选方法如图 4.12 所示(设:x 易调整,y 不易调整)。

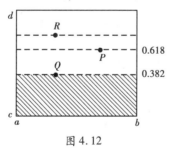

图 4.12

4)按格上升法

首先将所考虑的区域画上格子,然后采用与上述 3 种方法类似的过程进行优选,但用分数法代替黄金分割法。

例 4.15　优选的范围是一个 21×13 的格子图,先在 $x = 13$ 的直线上用分数法做 5 次试验,又在 $y = 8$ 的直线上也用分数法,这时 T 点已做过试验,因此只需做 5 次试验,各得一个最优点,分别记为 P,Q。如果 $Q > P$,则留下 8×13 的格子,在余下的范围内采用同样的方法进行优选。

在试验区域画上格子,将分数法与上述方法结合起来,如图 4.13 所示。

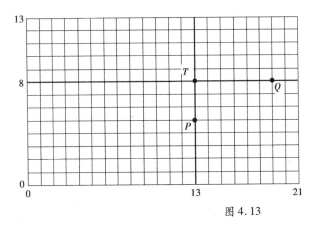
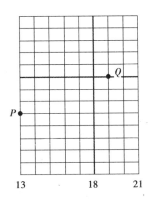

图 4.13

5) 翻筋斗法

从一个等边三角形 ABC 出发,在 3 个顶点各做一次试验。如果 C 点所做的试验好,则作 C 点的对顶同样大的三角形 CDE,在 DE 点做试验,如果 D 点好则再作 D 点的对顶三角形直到找到最优点,如图 4.14 所示。

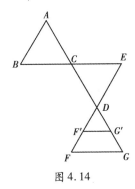

图 4.14

案例分析与讨论题

1. 用 0.618 法确定最佳点时,试验区间为 $[2,4]$,若第一个试点 x_1 处的结果比第二个试点 x_2 处的结果好,且 $x_1 > x_2$,则求存优区间。

解 依题意,得

$$x_1 = 2 + 0.618 \times (4 - 2) = 3.236$$
$$x_2 = 2 + 4 - 3.236 = 2.764$$

得存优区间为 $[2.764, 4]$。

2. 某食品工厂准备对一新产品进行技术改良,现决定优选加工温度,试验范围定为 $60 \sim 80$ ℃,精确度要求 ± 1 ℃,现在技术员用分数法进行优选。

①如何安排试验?

②若最佳点为 69 ℃,请列出各试验点的数值。

③要通过多少次试验可以找出最佳点?

解 ①试验区间为 $[60,81]$,等分为 21 段,分点为 $61,62,\cdots,79,80$,因此

$$60 + 13/21 \times (81 - 60) = 73 \text{ ℃}$$

故第一试点安排在 73 ℃,由"加两头,减中间"的方法得

$$60 + 81 - 73 = 68$$

因此第二试点选在 68 ℃。后续试点可以用"加两头,减中间"的方法来确定。

②若最佳点为 69 ℃,即从第二次试验开始可知,69 ℃在存优范围内,由实验安排可知,第一、第二次试点的值分别为 73,68,因为 $69 \notin [60, 68]$,故去掉 68 ℃以下的部分,则第三次试验点的值为

$$68 + 81 - 73 = 76$$

同理,去掉 76 ℃以上的部分,第四次试验点的值为

$$68 + 76 - 73 = 71$$

第五次试验点的值为

$$68 + 73 - 71 = 70$$

第六次试验点的值为

$$68 + 71 - 70 = 69$$

即安排了 6 次试验,各试验点的数值依次为 73,68,76,71,70,69。

③共有 20 个分点,由分数法的最优性定理及 $F_6 + 1 - 1 = 20$ 可知,通过 6 次试验可从这 20 个分点中找出最佳点。

3. 某炼油厂试制磺酸钡,其原料磺酸是磺化油经乙醇水溶液萃取出来的,试验目的是选择乙醇水溶液的合适浓度和用量,使分离出来的白油最多。根据经验,乙醇水溶液浓度变化范围为 50% ~ 90%(体积百分比),用量变化范围为 30% ~ 70%(质量百分比),精度要求为 5%。试用纵横对折法对工艺条件进行优选。

解 由题意设影响该试验结果的因素 I 为浓度,试验范围为 50% ~ 90%;因素 II 为用量,试验范围为 30% ~ 70%。

试验:①先固定浓度在中点(50% + 90%)/2 = 70% 处,对用量进行单因素优选,得最佳点 A_1。

同样,将用量固定在中点(30% + 70%)/2 = 50% 处,对浓度进行单因素优选,得最佳点 B_1。比较 A_1 和 B_1 的试验结果,如果 A_1 比 B_1 好,则沿坏点 B_1 所在的线,丢弃不包括好点 A_1 所在的半个平面区域,即丢弃平面区域为

$$50\% \leqslant \text{I} \leqslant 90\%, \quad 50\% \leqslant \text{II} \leqslant 70\%$$

②然后再在因素 II 的新范围即 [30%,50%] 内取中点 40%,用单因素方法优选因素 I,得最佳点为 B_2。如此继续下去,不断地将试验范围缩小,直到找到满意的结果为止。

反思与练习

1. 对某一单因素优选试验,已知目标函数为单峰函数,试验范围为 [0,100],用黄金分割法进行优选,试验结果为试验点 1 的结果比 2 点好,试验点 3 的结果比点 1 好,试验点 3 的结果比 4 点好。试用黄金分割法对称公式计算出 4 个试验点的试验条件。

2. 在食品的加工工艺条件的试验中,要考虑 3 个因素:原料用量、反应温度、反应时间,这是一个 3 因素 3 水平的问题。根据过去积累的实际经验确定了它们的变化范围:

A. 原料用量(kg)　　　　$A_1 = 840, A_2 = 850, A_3 = 860$

B. 反应温度(℃)　　　　$B_1 = 15, B_2 = 20, B_3 = 25$

C. 反应时间(min)　　　$C_1 = 40, C_2 = 60, C_3 = 80$

如果所有的试验都要做,共需多少次试验?

3. 调酒师为了调制一种鸡尾酒,每100 t烈性酒中需要加入柠檬汁的量为1 000 ~ 2 000 g,现准备用黄金分割法找到它的最优加入量。

①写出这个试验的操作流程。

②如果加入柠檬汁误差不超出1 g,问需要多少次试验?

4. 阿托品是一种抗胆碱药,为了提高产量、降低成本,利用优选法选择合适的脂化工艺条件。根据分析,主要因素为温度与时间,定出其试验范围为温度:55 ~ 75 ℃,时间:30 min ~ 210 min。用从好点出发法对工艺条件进行优选:参照生产条件,先固定温度为55 ℃,用单因素法优选时间,得最优时间为A:150 min;再固定时间为150 min,用单因素法优选温度,得最优温度为B:67 ℃;再固定温度为67 ℃,用单因素法再优选时间,得最优时间为C:80 min;再固定时间为80 min,又对温度进行优选,结果还是67 ℃好。试问实际中采用这个工艺进行生产,平均产率提高了多少?

任务4.4　正交试验法

4.4.1　正交试验概述

1)正交表的特点

正交表代号La(bc)的含义:a为正交表行数,即试验点数;b为各因素水平数,c为正交表列数,每一列可安排一个因素,见表4.33。

表4.33　L4(23)正交表

试验号	列　号		
	1	2	3
1	1	1	1
2	1	2	2
3	2	1	2
4	2	2	1

正交的含意:若将表4.33中2换成 − 1,则任一列之和为0,任两列乘积的和为0。若将列看作向量,则两向量垂直相交,即正交。

从试验点的空间分布可知,L4(23)正交表为$\frac{1}{2}$实施。

①均衡搭配。即任一因素的任一水平与其他因素的每一水平相遇的次数均等。

②综合可比。即任一因素的各水平出现的次数相等。

2）交互作用表

（1）交互列的位置

交互列的位置要查交互列表（见表 4.34）。

表 4.34 L8(27) 正交表

试验号	列 号						
	1	2	3	4	5	6	7
1	1	1	1	1	1	1	1
2	1	1	1	2	2	2	2
3	1	2	2	1	1	2	2
4	1	2	2	2	2	1	1
5	2	1	2	1	2	1	2
6	2	1	2	2	1	2	1
7	2	2	1	1	2	2	1
8	2	2	1	2	1	1	2

（2）混杂

若在交互两因素的交互列上，安排其他因素或其他因素的交互，则在此列将出现混杂现象。

（3）如何对待混杂

①若不想用较多的试验，则就可能有混杂，此时要用专业经验来判断。

②若不研究规律，只找出参数较优组合，则可不考虑混杂。

3）试验方案设计

（1）列因素水平表

列因素水平表见表 4.35。

表 4.35 因素水平表

因 素 水 平	A	B	C	D
	参数名称（单位）	参数名称（单位）	参数名称（单位）	参数名称（单位）
1	A_1	B_1	C_1	D_1
2	A_2	B_2	C_2	D_2

（2）选正交表

选正交表的原则：正交表的列数应 ≥ 要考察的因素和交互作用个数的最小正交表。

（3）表头设计

表头设计即因素放在哪一列。其原则如下：

①若不考虑交互作用，则因素随机放各列，但若有余列时，因素最好不要放在其他因素的

交互列上,一则避免混杂,二则可看出交互作用的大小。

②若要考虑交互作用,则应先排要交互的因素,其他因素按不混杂的原则随机排列。

(4)列出试验方案

将表中字码换成对应的水平值。每一行的因素水平组合即为一个试验点。

4)试验

试验应注意以下3点:

①各因素的水平组合方案不能变。

②试验点的实施顺序是随机的,即可根据水平改变的难易来安排。

③严格控制试验条件,减少试验误差。

4.4.2 正交试验数据的直观分析法

1)单指标试验数据的极差分析

(1)分析的内容

①找出因素对指标影响的主次。

②找出各因素的较优水平,即取哪个水平最好。

③找出参数的较优组合,即各因素取何水平搭配起来最好,考虑了交互作用。

(2)分析的步骤

①算出各因素同一水平的指标和 k_m 与均值 $k_m = \dfrac{K_m}{a/b}, m = 1 \sim b$。

②由各水平的均值算出极差 $R = k_{\max} - k_{\min}$。

③找出各因素的较优水平:指标好的水平为较优水平,事先要知道指标是越高越好还是越近越好。

④根据极差 R 的大小确定因素的主次,即对指标影响的大小,R 越大影响越显著。

⑤若考察交互作用时,要找出优搭配(水平搭配)。

⑥找出因素水平的较优组合,即参数的较优组合(在试验中可能出现,也可能不出现)。

(3)注意事项

①若交互作用比其中某一因素的影响大时,应先从交互中找出因素主次和较优水平。

②对于空列,反映了试验误差,若恰为某两因素的交互作用列,且该列极差很大,则该交互作用不能忽略。

例4.16 豇豆脱水正交试验设计。以干制品中 V_c 含量为指标,V_c 含量越高越好。研究3个因素,每因素取2水平。因素水平编码见表4.36。

表4.36 豇豆脱水正交试验因素水平编码表

因 素 水 平	A 介质温度/℃	B 介质速度/(m·s^{-1})	C 漂烫时间/min
1	70	0.5	5
2	60	0.7	7

试验中,除考察因素 A,B,C 的单独作用外,还要考察任两个因素的交互作用。因此,试验选用 L8(27)正交表。试验结果和极差分析见表4.37。

表4.37 豇豆脱水正交试验结果和极差分析表

列号	1	2	3	4	5	6	7	V_c 含量
试验号	A	B	$A \times B$	C	$A \times C$	$B \times C$		/(mg·kg^{-1})
1	1	1	1	1	1	1	1	23.627
2	1	1	1	2	2	2	2	20.250
3	1	2	2	1	1	2	2	28.300
4	1	2	2	2	2	1	1	23.433
5	2	1	2	1	2	1	2	30.276
6	2	1	2	2	1	2	1	32.498
7	2	2	1	1	2	2	1	25.435
8	2	2	1	2	1	1	2	24.863
K_1	95.610	106.651	94.175	107.638	109.288	102.199	104.993	$T = 208.682$
K_2	113.072	102.031	114.507	101.044	99.394	106.483	103.689	
k_1	23.903	26.663	23.544	26.910	27.322	25.550	26.248	
k_2	28.268	25.508	28.627	25.261	24.848	26.621	25.922	
R_j	4.365	1.155	5.083	1.649	2.474	1.071	0.326	
$jysp$	A_2	B_1	$(A \times B)_2$	C_1	$(A \times C)_1$	$(B \times C)_2$		

因素主次:$A \times B, A, A \times C, C, B, B \times C$

较优搭配:$A_2 \times B_1, A_2 \times C_2$

较优组合:$A_2 B_1 C_2$

2)多指标试验数据的极差分析

(1)综合平衡法

指标要有主次,对每一指标都作单指标极差分析。若某因素水平对绝大部分指标均优(要考虑指标的主次),则该因素水平为优。

(2)加权综合评分法

原理:用 $y_i^* = w_1 y_{i1} + w_2 y_{i2} + \cdots$ 计算综合指标,再按单指标进行极差分析。w_j 为各指标的加权系数。其步骤如下:

①定各指标的加权值 w_j,$\sum w_j = 1$(根据各指标的重要程度而定)。

②消除各指标的量纲,使试验值处在同一数量级上。

计算各指标观测值的评分值 y'_{ij}:

设 $y'_{j\max} = 100$ 分,$y_{j\min} = 0$ 分,则

$$y'_{ijj} = \frac{y_{ij} - y_{j\min}}{y_{j\max} - y_{j\min}} \times 100$$

③计算加权综合评分值为

$$y_i^* = \sum w_j \cdot y'_{ij}$$

注意:对越小越好的指标前为"−"号,综合指标越大越好。

④以 y_i^* 为指标值再按单指标进行极差分析。

4.4.3　正交试验设计结果的方差分析法

极差分析的缺陷:一是不能解决因素对指标影响的显著性问题;二是若较优参数组合不是试验点,则其较优值无法知道。因此,要进行方差分析。

1)正交试验数据的分析

(1)数据结构

①数学模型为

$$y_i = \mu_i + \varepsilon_i$$

②μ_i 分解为

$$\mu_i + \mu + 各因素效应 + 各因素间的交互效应$$

真值为

$$\mu = \frac{1}{n} \sum \mu_i$$

因素效应:设 μ_{Am} 为 A 取第 m 水平的真值,a_m 为其效应,则

$$a_m = \mu_{am} - \mu$$

$$\sum a_m = 0$$

交互效应:设 μ_{AmBl} 为 A 取 m 水平、B 取 l 水平的真值,$(ab)_{ml}$ 为其效应,由双因素的数据结构可知

$$\mu_{ij} = \mu + \alpha_i + \beta_j + (\alpha\beta)_{ij}$$

则

$$(ab)_{ml} = \mu_{AmBl} - \mu - a_m - b_l$$

$$\sum_m (ab)_{ml} = \sum_l (ab)_{ml} = 0$$

引入估计值为

$$\hat{y}_i + \hat{\mu} + 各因素效应的估计值 + 各因素间交互效应的估计值$$

(2)计算工程平均值

即利用效应定量地估计各主要因素不同水平组合下可期望达到的指标值。

设

$$\hat{\mu} = \bar{y}, \hat{a}_1 = \bar{y}_{A1} - \bar{y}, (\hat{ab})_{11} = \bar{y}_{A1B1} - \bar{y} - \hat{a}_1 - \hat{b}_1$$

若较优参数组合为 $A_2B_1C_2$,则

$$\hat{y}_{优} = \hat{\mu} + \hat{a}_2 + \hat{b}_1 + \hat{c}_2 + (\hat{ab})_{21} + (\hat{ac})_{22} + (\hat{bc})_{12}$$

式中,$\hat{y}_{优}$ 为较优参数组合的预测值。

2) 正交试验数据的方差分析

(1) 方差分析的内容

① 判断哪些因素对指标的影响是显著的,哪些是不显著的。

② 找出参数水平的较优组合。

③ 较优组合方案指标的预测。

(2) 方差分析的步骤(挂豇豆脱水试验表)

① 计算各类平方和

对 $L_a(bc)$ 正交表有

$$T = \sum y_i, C_T = \frac{T^2}{N}, N = a$$

总体平方和为

$$SS_T = \sum y_i^2 - C_T$$

自由度为

$$f_T = N - 1$$

各列平方和:计算各列同一水平的指标和 $K_m, m = 1 \sim b$,则

$$SS_j = \frac{b}{N} \sum_{m=1}^{b} k_{jm}^2 - C_T$$

$$f_j = b - 1$$

(对任一列,同一水平试验的次数看作是该水平下的重复)

误差平方和为

$$SS_e = SS_T - \sum SS_{因} - \sum SS_{交} = \sum SS_{空} + \sum SS_{不显著}$$

误差自由度为

$$f_e = f_T - \sum f_{因} - \sum f_{交} = \sum f_{空} + \sum f_{不显著}$$

注意:a. $SS_T = \sum SS_j, f_T = \sum f_j$。

　　b. 当某交互作用同时占几列时,其平方和及自由度等于所占各列之和。

② 因素及交互作用的显著性检验

计算均方差:因素及交互作用 $MS_{因} = \dfrac{SS_{因}}{f_{因}}$,如

$$MS_A = \frac{SS_A}{f_A}$$

误差为

$$MS_e = \frac{SS_e}{f_e}$$

F 检验为

$$F_A = \frac{MS_A}{MS_e} \cdots$$

然后查 F 表,判断因素 A 的显著性水平。不显著的因素和交互作用应并入误差项重新进行显著性检验(注意:要逐项并入)。若并入一项后,原来显著的变得不显著,则不并入。

③ 选取较优组合

根据 K_m 找出较优水平,根据 F 确定因素主次,确定交互作用的优搭配。

显著因素选较优水平,显著交互选较优搭配,若有矛盾且交互作用比单一因素显著,则以优搭配为主。

不显著因素若无显著的交互作用,则选合适水平,在以后的研究中作固定参数。

不显著交互作用忽略。

确定较优组合:显著因素选较优水平,不显著因素选合适水平。

④ 较优参数组合方案指标的预测

先根据数据结构算 $\hat{y}_{优}$(只考虑显著因素和交互作用),即

$$y_{优} = \hat{y}_{优} + \varepsilon_\alpha = \hat{y}_{优} \pm \sqrt{F_\alpha(1, f_e)\frac{SS_e}{f_e \cdot n_e}}$$

其中,$n_e = \dfrac{N}{1 + 显著列自由度之和}$,$\alpha$ 为最低的显著性水平。

例 4.17　豇豆脱水试验的方差分析见表 4.38。

表 4.38　豇豆脱水正交试验结果和方差分析表

列号	1	2	3	4	5	6	7	V_c 含量
								试验号
	A	B	$A \times B$	C	$A \times C$	$B \times C$		/(mg·kg^{-1})
1	1	1	1	1	1	1	1	23.627
2	1	1	1	2	2	2	2	20.250
3	1	2	2	1	1	2	2	28.300
4	1	2	2	2	2	1	1	23.433
5	2	1	2	1	2	1	2	30.276
6	2	1	2	2	1	2	1	32.498
7	2	2	1	1	2	2	1	25.435
8	2	2	1	2	1	1	2	24.863
K_1	95.610	106.651	94.175	107.638	109.288	102.199	104.993	$T = 208.682$
K_2	113.072	102.031	114.507	101.044	99.394	106.483	103.689	
SS	38.115	2.667	51.673	5.435	12.236	2.294	0.212	
MS	38.115	2.667	51.673	5.435	12.236	2.294	0.212	
F 值	179.79	12.58	243.74	25.64	57.72	10.82		
$\alpha =$	0.05	0.25	0.05	0.25	0.1	0.25		

$vy = 26.085$

$SS_2 = 112.6348$　$SS_{e2} = 0.0000$　$f_{e2} = 0$

$SS_e = SS_{e1} + SS_{e2} = 0.212$　$f_e = f_{e1} + f_{e2} = 1$　$MS_e = SS_e/f_e = 0.212/1 = 0.212$

较优组合方案 $A_2B_1C_2$ 指标值的预测：

$$y_{优} = \hat{y}_{优} + \varepsilon_\alpha = \hat{y}_{优} \pm \sqrt{F_\alpha(1, f_e) \frac{SS_e}{f_e \cdot n_e}}$$

因各因素和交互作用均显著,故

$$\hat{y}_{优} = \hat{\mu} + \hat{a}_2 + \hat{b}_1 + \hat{c}_2 + (\hat{ab})_{21} + (\hat{ac})_{22} + (\hat{bc})_{12}$$

$$\hat{\mu} = \bar{y} = \frac{T}{N} = \frac{208.682}{8} = 26.085$$

$$\hat{a}_2 = k_{A2} - \bar{y} = 2.183, \hat{b}_1 = k_{B1} - \bar{y} = 0.578, \hat{c}_2 = k_{c2} - \bar{y} = -0.824$$

$$(\hat{ab})_{21} = \bar{y}_{A2B1} - \bar{y} - \hat{a}_2 - \hat{b}_1 = \frac{y_5 + y_6}{2} - \bar{y} - \hat{a}_2 - \hat{b}_1 = 2.541$$

$$(\hat{ac})_{22} = \bar{y}_{A2C2} - \bar{y} - \hat{a}_2 - \hat{c}_2 = \frac{y_6 + y_8}{2} - \bar{y} - \hat{a}_2 - \hat{c}_2 = 1.236$$

$$(\hat{bc})_{12} = \bar{y}_{B1C2} - \bar{y} - \hat{b}_1 - \hat{c}_2 = \frac{y_2 + y_6}{2} - \bar{y} - \hat{b}_1 - \hat{c}_2 = 0.535$$

$$\hat{y}_{优} = 26.085 + 2.183 + 0.578 - 0.824 + 2.541 + 1.236 + 0.535 = 32.334$$

$$\varepsilon_{0.25} = \pm\sqrt{F_{0.25}(1,1) \frac{SS_e}{f_e \cdot n_e}} = \pm\sqrt{5.83 \times \frac{0.212}{1} \times \frac{1+6}{8}} = \pm 1.042$$

$$y_{优} = \hat{y}_{优} + \varepsilon_\alpha = 32.334 \pm 1.042$$

案例分析与讨论题

1. 做一正交试验,研究 A, B, C, D 及 $A \times B, B \times C$ 对指标的影响。各因素取 2 水平,指标越高越好。试安排正交试验并进行极差分析。

解 选正交表；

表头设计；

计算 K_1, K_2, k_1, k_2, R；

选较优水平；

判断因素主次；

判断较优搭配；

判断较优组合。

正交试验结果和极差分析表见表4.39。

表4.39　正交试验结果和极差分析表

列号	1	2	3	4	5	6	7	指标$-m$
试验号								
	A	B	$A \times B$	C		$B \times C$	D	
1	1	1	1	1	1	1	1	-5
2	1	1	1	2	2	2	2	4
3	1	2	2	1	1	2	2	0
4	1	2	2	2	2	1	1	3
5	2	1	2	1	2	1	2	0
6	2	1	2	2	1	2	1	5
7	2	2	1	1	2	2	1	-8
8	2	2	1	2	1	1	2	-3
K_1	2.000	4.000	-12.000	-13.000	-3.000	-5.000	-5.000	$T = -4$
K_2	-6.000	-8.000	8.000	9.000	-1.000	1.000	1.000	
k_1	0.500	1.000	-3.000	-3.250	-0.750	-1.250	-1.250	
k_2	-1.500	-2.000	2.000	2.250	-0.250	0.250	0.250	
R_j	2.000	3.000	5.000	5.500	0.500	1.500	1.500	
$jysp$	A_1	B_1	$(A \times B)_2$	C_2	$(B \times C)_2$	D_2		

因素主次：$C, A \times B, B, A, B \times C, D$

较优搭配：$A_2 \times B_1$

较优组合：$A_2 B_1 C_2 D_2$

2.有一正交试验,其试验方案与结果见表4.40,指标越低越好。试进行极差分析。

表4.40

列号	1	2	3	4	5	6	7	指标$-m$
试验号								
	A	B	$A \times B$	C	$A \times C$	$B \times C$	D	
1	1	1	1	1	1	1	1	0
2	1	1	1	2	2	2	2	6
3	1	2	2	1	1	2	2	2
4	1	2	2	2	2	1	1	5
5	2	1	2	1	2	1	2	2
6	2	1	2	2	1	2	1	1
7	2	2	1	1	2	2	1	-6
8	2	2	1	2	1	1	2	-1

解 正交试验结果和极差分析表见表4.41。

表4.41 正交试验结果和极差分析表

列号	1	2	3	4	5	6	7	指标 $-m$
试 验 号	A	B	$A \times B$	C	$A \times C$	$B \times C$	D	
1	1	1	1	1	1	1	1	0
2	1	1	1	2	2	2	2	6
3	1	2	2	1	1	2	2	2
4	1	2	2	2	2	1	1	5
5	2	1	2	1	2	1	2	2
6	2	1	2	2	1	2	1	1
7	2	2	1	1	2	2	1	-6
8	2	2	1	2	1	1	2	-1
K_1	13.000	9.000	-1.000	-2.000	2.000	6.000	0.000	$T = 9$
K_2	-4.000	0.000	10.000	11.000	7.000	3.000	9.000	
k_1	3.250	2.250	-0.250	-0.500	0.500	1.500	0.000	
k_2	-1.000	0.000	2.500	2.750	1.750	0.750	2.250	
R_j	4.250	2.250	2.750	3.250	1.250	0.750	2.250	
$jysp$	A_2	B_2	$(A \times B)_1$	C_1	$(A \times C)_1$	$(B \times C)_2$	D_1	

因素主次：$A, C, A \times B, B, D, A \times C, B \times C$

较优搭配：$A_2 \times B_2$

较优组合：$A_2 B_2 C_1 D_1$

3. 做一正交试验，研究 A, B, C, D 及 $A \times B, B \times C$ 对指标的影响。各因素取2水平，指标越高越好。试验方案和结果见下表，试进行方差分析并预测较优组合方案下的指标值。

解   计算 $T, C_T, TT, SS_T, \bar{y}$；

计算 SS, MS；

计算 MS_e；

计算 F 值；

进行显著性检验；

重算 MS_e；

重算 F 值；

重新进行显著性检验；

写出较优组合方案下指标预测的结构式；

计算 $\hat{y}_{优}$；

计算 ε_α。

正交试验结果和方差分析表见表4.42。

表4.42　正交试验结果和方差分析表

列号	1	2	3	4	5	6	7	指标 $-m$
								试　验　号
	A	B	$A \times B$	C		$B \times C$	D	
1	1	1	1	1	1	1	1	-5
2	1	1	1	2	2	2	2	4
3	1	2	2	1	1	2	2	0
4	1	2	2	2	2	1	1	3
5	2	1	2	1	2	1	2	0
6	2	1	2	2	1	2	1	5
7	2	2	1	1	2	2	1	-8
8	2	2	1	2	1	1	2	-3
K_1	2.000	4.000	-12.000	-13.000	-3.000	-5.000	-5.000	$T -4$
K_2	-6.000	-8.000	8.000	9.000	-1.000	1.000	1.000	
SS	8.000	18.000	50.000	60.500	0.500	4.500	4.500	
MS	8.000	18.000	50.000	60.500	0.500	4.500	4.500	
F 值	16.00	36.00	100.00	121.00	9.00	9.00		
$\alpha =$			0.1	0.1				
F 值	2.52	5.68	15.77	19.09				
$\alpha =$		0.1	0.05	0.05				
F 值		4.11	11.43	13.83				
$\alpha =$		0.1	0.05	0.05				

$vy = -0.500$

$SS_2 = 146.0000$　　$SS_{e2} = 0.0000$　　$f_{e2} = 0$

$SS_e = SS_{e1} + SS_{e2} = 0.5$　$f_e = f_{e1} + f_{e2} = 1 + 0 = 1$　　$MS_e = SS_e/f_e = 0.5/1 = 0.5$

重算:将第6列、第7列并入误差列。

$SS_e = SS_{e1} + SS_{e2} = 9.5$　$f_e = f_{e1} + f_{e2} = 3 + 0 = 3$　　$MS_e = SS_e/f_e = 9.5/3 = 3.167$

再算:将第1列并入误差列。

$SS_e = SS_{e1} + SS_{e2} = 17.5$　$f_e = f_{e1} + f_{e2} = 4 + 0 = 4$　　$MS_e = SS_e/f_e = 17.5/4 = 4.375$

已知较优组合为 $A_2 B_1 C_2 D_2$。

显著因素和交互作用有 $B_1, C_2, A_2 \times B_1$。

因此,得

$$\hat{y}_{优} = \hat{\mu} + \hat{b}_1 + \hat{c}_2 + (\hat{ab})_{21}$$

$$\hat{\mu} = \bar{y} = \frac{T}{N} = \frac{-4}{8} = -0.5$$

$$\hat{a}_2 = k_{A2} - \bar{y} = -1, \hat{b}_1 = k_{B1} - \bar{y} = 1.5, \hat{c}_2 = k_{C2} - \bar{y} = 2.75$$

$$(\hat{ab})_{21} = \bar{y}_{A2B1} - \bar{y} - \hat{a}_2 - \hat{b}_1 = \frac{y_5 + y_6}{2} - \bar{y} - \hat{a}_2 - \hat{b}_1 = 2.5$$

$$\hat{y}_{优} = -0.5 + 1.5 + 2.75 + 2.5 = 6.25 + m$$

$$\varepsilon_{0.1} = \pm \sqrt{F_{0.1}(1,4) \frac{SS_e}{f_e \cdot n_e}} = \pm \sqrt{4.54 \times \frac{17.5}{4} \times \frac{1+3}{8}} = \pm 3.15$$

$$y_{优} = \hat{y}_{优} + \varepsilon_{\alpha} = m + 6.25 \pm 3.15$$

 反思与练习

自溶酵母提取物是一种多用途食品配料,为探讨外加中性蛋白酶的方法,需做啤酒酵母的最适自溶条件试验,为此安排以下试验,试验指标为自溶液中蛋白质含量(%),取含量越高越好。因素水平表见表4.43。

表4.43

水　平	因　　素		
	$A/℃$	B/pH 值	C(加酶量)/%
1	50	6.5	2.0
2	55	7.0	2.4
3	58	7.5	2.8

试验结果见表4.44,试进行直观分析和方差分析,找出使产量为最高的条件。

表4.44

试验号	A	B	C	空　列	含　量
1	1	1	1	1	6.25
2	1	2	2	2	4.97
3	1	3	3	3	4.54
4	2	1	2	3	7.53
5	2	2	3	1	5.54
6	2	3	1	2	5.50
7	3	1	3	2	11.40
8	3	2	1	3	10.90
9	3	3	2	1	8.95

项目 5

实用分析软件使用

📖【知识目标】

- 了解在 Excel 中建立图表的方法,理解图表各个要素的概念;理解工作表中数据与图表之间的关系;掌握图表的常用修改调整方法。
- 了解正交小助手各个模块的作用,掌握直观分析、因素指标、交互作用、方差分析所代表的含义。
- 了解 SPSS 分析软件的主要功能及其运用。

📖【技能目标】

- 掌握 Excel 图表的操作。
- 熟悉正交小助手设计和分析正交实验。
- 熟悉 SPSS 分析软件的使用。

【**项目简介**】>>>

试验设计与统计分析是数理统计学的一个重要分支学科,随着试验设计技术与数据分析方法的不断丰富与发展,现已形成一门系统的专业基础学科,并在多学科广泛应用。随着现代系统的大规模发展趋势,实验过程中的数据与所需的数学运算日益复杂,特别是对于矩阵运算的要求逐渐增多,这些工作已经难以以手工完成,因此,随着科学技术的前进以及计算机技术的日益完善,一些实用分析软件逐步在试验设计与统计分析领域占据重要的地位。实用分析软件作为一种分析工具,它们在人机交互式方面有着极大的优越性,人们可以不必对编程所用语言下很大的功夫去学习它,从而可以节省大量的时间用于科学研究,提高了工作进程和效率。

实验数据处理是任何实验必不可少的重要环节,通过实验所获得的大量实验资料,只有经过一定的整理和归纳后,才能更深刻地去理解事物的内在规律。利用计算机 Excel 表功能来处理实验数据,可建立一张好的图像。Excel 具有强大的表格、图表、库等功能。使用图表可将工作表内有时显得杂乱无章的抽象、复杂数据直观地反映在图中,变得一目了然,从而增加了数据可读性。

【**工作任务**】>>>

任务 5.1 Excel 在图表绘制中的应用

常用的数据图有线图、散点图、条形图和柱形图、圆形图及环形图。

5.1.1 线图

线图是将图表中各点之间用线段相继连起来而形成的连续图形,图中各点的高度代表该点数据的数据值,它一般用来描述某一变量在一段时间内的变动情况,能较好地反映事物的发展趋势。一般分为单式线图和复式线图。

1)单式线图

单式线图表示某一种事物或者现象的动态变化情况。

案例 5.1 Excel 表示单式线图、标准误差

表 5.1 中表示植物乳杆菌随时间增长,其吸光度值的变化,1,2,3 为做的 3 组平行试验值,求出平均值和样本标准误差,并作图。

表 5.1　植物乳杆菌的生长曲线

时　间	OD 值			平均值	标准差
	1	2	3		
0	0	0	0		
2	0.136	0.134	0.137		
4	0.673	0.674	0.678		
6	1.503	1.511	1.510		
8	1.888	1.875	1.901		
10	2.152	2.142	2.146		
12	2.272	2.272	2.270		
14	2.426	2.410	2.422		
16	2.576	2.574	2.581		
18	2.713	2.713	2.722		
20	2.877	2.874	2.889		
22	2.903	2.910	2.932		
24	3.000	3.305	3.004		

操作步骤如下：

①将表格复制到 Excel,求出平均值(AVERAGE)和标准差(STDEV),并保留三位小数,如图 5.1 所示。

	A	B	C	D	E	F
1	时间	OD值			平均值	标准差
2		1	2	3		
3	0	0	0	0	0.000	0.000
4	2	0.136	0.134	0.137	0.136	0.002
5	4	0.673	0.674	0.678	0.675	0.003
6	6	1.503	1.511	1.51	1.508	0.004
7	8	1.888	1.875	1.901	1.888	0.013
8	10	2.152	2.142	2.146	2.147	0.005
9	12	2.272	2.272	2.27	2.271	0.001
10	14	2.426	2.41	2.422	2.419	0.008
11	16	2.576	2.574	2.581	2.577	0.004
12	18	2.713	2.713	2.722	2.716	0.005
13	20	2.877	2.874	2.889	2.880	0.008
14	22	2.903	2.91	2.932	2.915	0.015
15	24	3	3.305	3.004	3.103	0.175
16						

图 5.1

②以时间为横坐标,平均值为纵坐标作出折线图。

a. 在 Excel 中选择"插入"选项,然后再在界面中找到 ,并单击,然后选择"带数据标志的折线图",如图 5.2 所示。

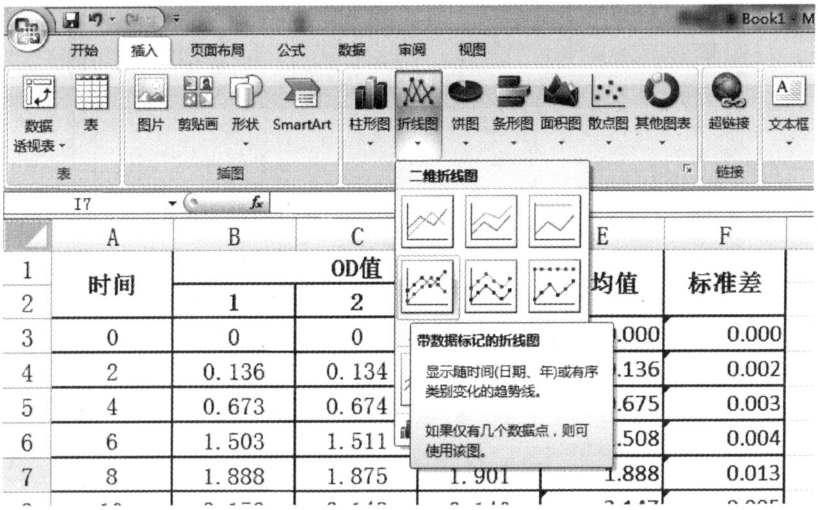

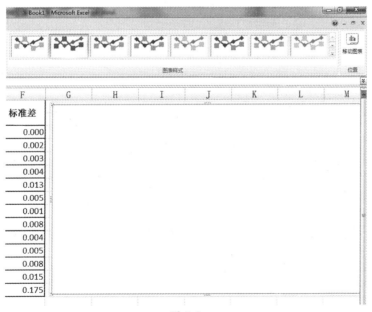

图 5.2

b. Sheet 表中出现图表白框,选中白框,单击右键在对话框中选择"选择数据",如图 5.3 所示。

图 5.3

c. 打开"图表数据区域" ,出现"选择数据源"对话框。选择平均值列下方所有数据后,单击 ,如图 5.4、图 5.5 所示。

图 5.4

	E	F	G	H	I	J	K	L
	平均值	标准差						
	0.000	0.000						
37	0.136	0.002						
78	0.675	0.003						
51	1.508	0.004						
01	1.888	0.013						
46	2.147	0.005						
27	2.271	0.001						
22	2.419	0.008						
81	2.577	0.004						
22	2.716	0.005						
89	2.880	0.008						
32	2.915	0.015						
04	3.103	0.175						

图 5.5

d. 设置水平(分类)轴标签,在水平(分类)轴标签下单击 ⬚编辑(T) 按钮,出现轴标签对话框。选择时间列下方所有数据,单击"确定"按钮,如图 5.6—图 5.8 所示。

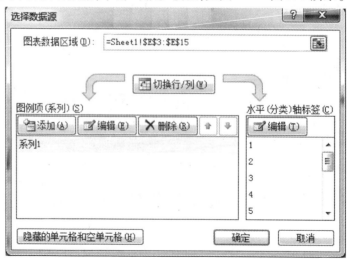

图 5.6

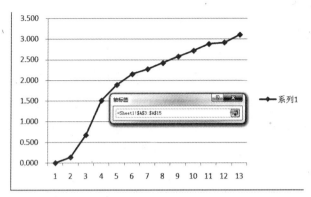

图 5.7

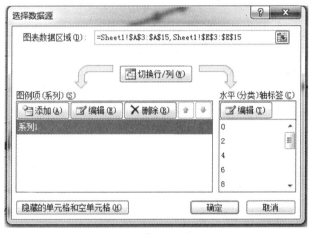

图 5.8

e. 选中水平坐标轴, 单击右键选择"设置坐标轴格式"。在"坐标轴选项"中, 选择位置坐标轴"在刻度线上", 如图 5.9 所示。

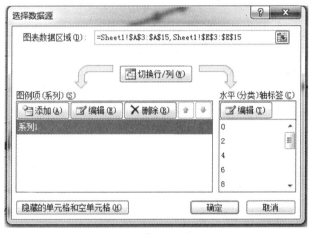

图 5.9

f. 选择表格出现图表工具,在设计界面"图表布局"中选择 。然后标出横坐标、纵坐标和图表名称。因为只有一条折线,系列名可以删除不标注。分别选中纵坐标、横坐标、网络线、图表区域和绘图区,修改设置,将图表修改成需要的格式(见图5.10、图5.11)。

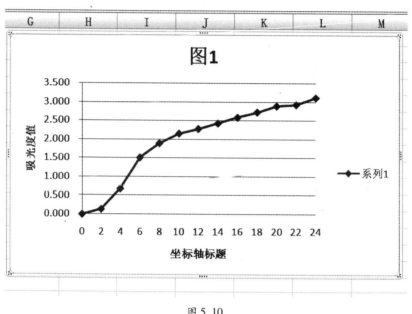

图5.10

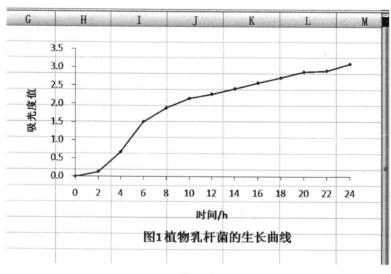

图5.11

g. 选中表格,Excel 上方选项卡会出现图表工具,图表工具包括"设计""布局""格式"。

选择"布局",单击界面中 ,选择选项中的标准误差误差线,如图5.12所示。

误差线

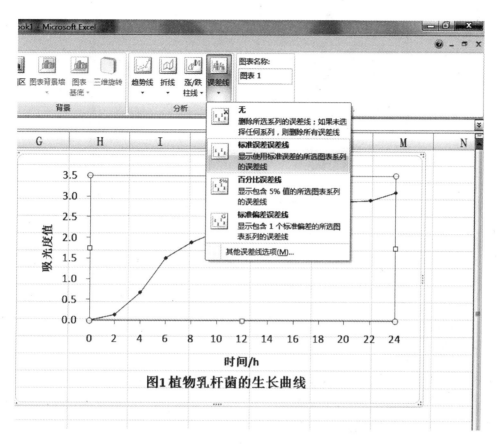

图 5.12

h. 选中误差线,右键选择设置错误栏格式。在垂直误差线选项中,方向选择"正负偏差",末端样式选择"线端",误差量选择"自定义"。单击自定义边的指定值,出现自定义错误栏,在正错误值和负错误值均选中标准差列下方所有数据,如图 5.13—图 5.16 所示。

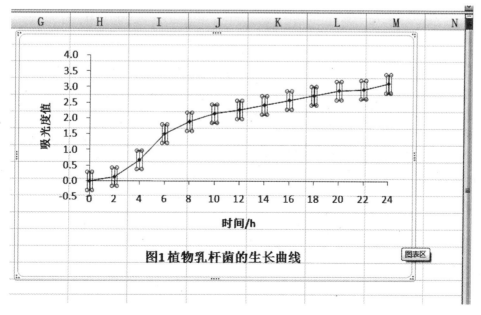

图 5.13

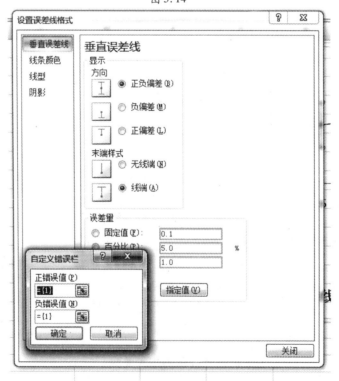

图 5.14

图 5.15

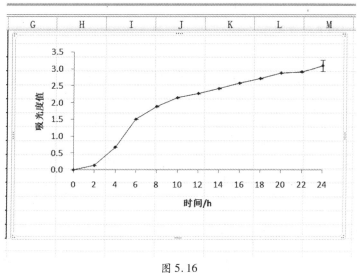

图 5.16

i. 得到最终图形(见图 5.17)。

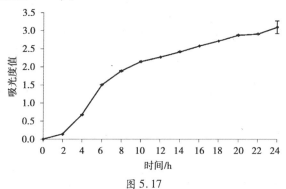

图 5.17

2)复式线图

复式线图是在同一图中表示两种或两种以上事物或者现象的动态变化情况,可用于不同事物或现象的比较。在绘制复式线图时,不同线上的数据点应该用不同的符号表示,以示区别,而且还应在图上明显地注明。

案例 5.2　**Excel 表示复式线图和双坐标轴应用**

表 5.2 为植物乳杆菌 25 ℃生长曲线对应值,表示吸光度值和抑菌活性随时间变化的变化。根据表 5.2 作折线图。

表 5.2　**植物乳杆菌** 25 ℃生长曲线

时间/h	吸光值	抑菌活性(抑菌圈/mm)
12	1.6	10.26
24	1.835	12.2
36	1.87	15.15
48	1.972	15.78
60	2.003	16.68
72	2.053	18.32

操作步骤如下：

①将表格复制到 Excel(见图 5.18)。

	A	B	C
1	时间/h	吸光值	抑菌活性（抑菌圈/mm）
2	12	1.6	10.26
3	24	1.835	12.2
4	36	1.87	15.15
5	48	1.972	15.78
6	60	2.003	16.68
7	72	2.053	18.32
8			

图 5.18

②以时间为横坐标,吸光值和抑菌圈为纵坐标作出折线图,如图 5.19 所示。

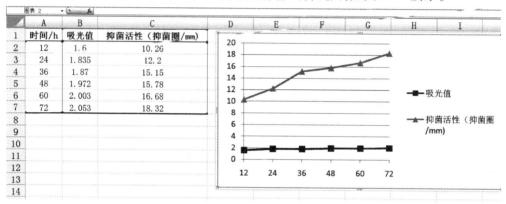

图 5.19

③将抑菌圈活性放置次坐标轴。选中抑菌活性单击右键选择设置数据系列格式,出现设置数据系列格式对话框。在系列选项中,选择系列绘制在次坐标轴(见图 5.20—图 5.22)。

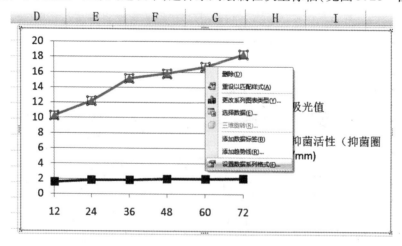

图 5.20

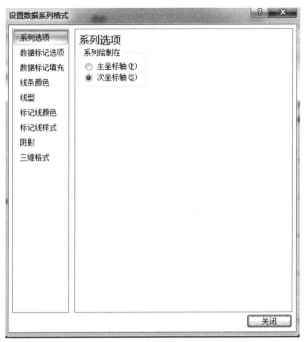

图 5.21

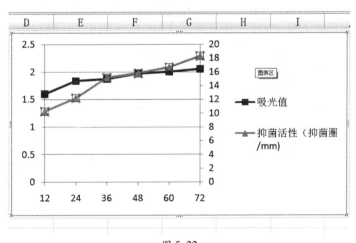

图 5.22

④选择表格出现图表工具,将图表修改成需要的格式。(见图 5.23)

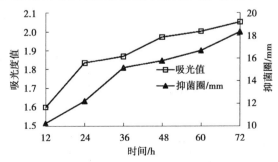

图 5.23 植物乳杆菌 25 ℃生长曲线

5.1.2　散点图

xy 散点图用于表示两个变量间的相互关系。由散点图可知变量关系的统计规律。

【相关链接】>>>

散点图和折线图的区别

折线图可以显示随单位而变化的连续数据,适用于显示在相等间隔下数据的趋势;散点图显示若干数据系列中各数值之间的关系,或者将两组数绘制为 xy 坐标的一个系列。

在折线图中,类别数据沿水平轴均匀分布,所有值数据沿垂直轴均匀分布;散点图有两个数值轴,沿水平轴(x 轴)方向显示一组数值数据,沿垂直轴(y 轴)方向显示另一组数值数据。散点图将这些数值合并到单一数据点并以不均匀间隔或簇显示它们。散点图通常用于显示和比较数值,如科学数据、统计数据和工程数据。

案例 5.3　Excel 在一元线性回归方程中的应用

紫外测定法是维生素 C 快速测定的方法。其原理是根据维生素 C 具有对紫外光产生吸收,对碱不稳定的特性,在 243 nm 处测定样品与碱处理样品液两者吸收度值之差,并通过标准曲线,即可计算出维生素 C 的含量。配置不同浓度 V_c 溶液,在 243 nm 处测定标准系列维生素 C 溶液的吸光度,测定结果见表 5.3。以维生素 C 的质量(μg)为横坐标,以对应的吸光度 A 为纵坐标作标准曲线。测定未知浓度的 V_c 溶液吸光度值,通过标准曲线求出 V_c 含量。

表 5.3　紫外法测定 V_c 含量实验结果

序　号	1	2	3	4	5	6	7	8	样　品
V_c/μg	10	20	30	40	50	60	80	100	
A 平均	0.022	0.099	0.161	0.221	0.287	0.339	0.444	0.558	0.068

操作步骤如下:

①将表格复制到 Excel(见图 5.24)。

	A	B	C	D	E	F	G	H	I	J
1	序号	1	2	3	4	5	6	7	8	样品
2	Vc/μg	10	20	30	40	50	60	80	100	
3	A平均	0.022	0.099	0.161	0.221	0.287	0.339	0.444	0.558	0.068
4										

图 5.24

②以维生素 C 的质量(μg)为横坐标,以对应的吸光度 A 为纵坐标作散点图,如图 5.25 所示。

③选中图中散点,单击右键选择添加趋势线,如图 5.26 所示。

④打开设置趋势线格式界面,在趋势线选项中选择回归分析为线性,在显示公式和显示 R 方前勾选,如图 5.27 所示。

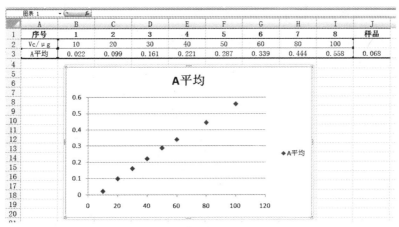

	A	B	C	D	E	F	G	H	I	J
1	序号	1	2	3	4	5	6	7	8	样品
2	Vc/μg	10	20	30	40	50	60	80	100	
3	A平均	0.022	0.099	0.161	0.221	0.287	0.339	0.444	0.558	0.068

图 5.25

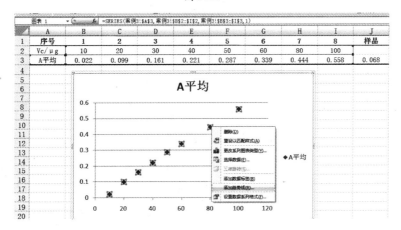

=SERIES(案例3!$A$3,案例3!$B$2:$I$2,案例3!$B$3:$I$3,1)

	A	B	C	D	E	F	G	H	I	J
1	序号	1	2	3	4	5	6	7	8	样品
2	Vc/μg	10	20	30	40	50	60	80	100	
3	A平均	0.022	0.099	0.161	0.221	0.287	0.339	0.444	0.558	0.068

图 5.26

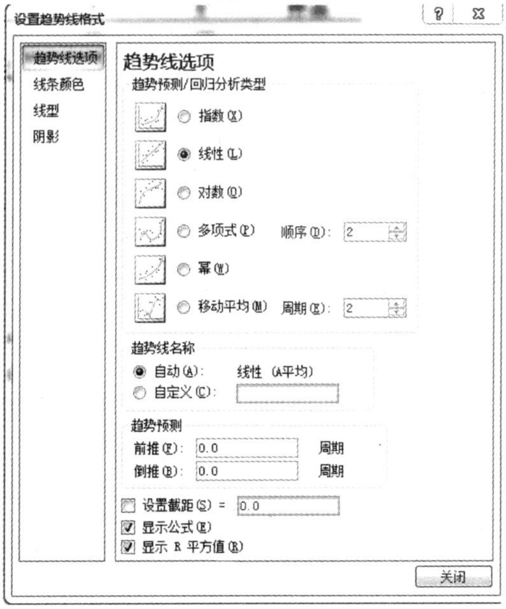

图 5.27

⑤选择表格出现图表工具,将图表修改成需要的格式。图 5.28 中方程即为所求一元线性回归方程,将样品吸光度值代入方程即可求得样品 V_c 含量。

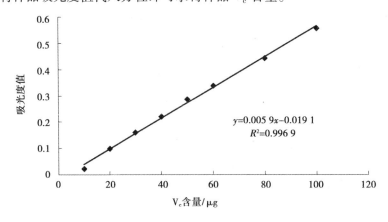

图 5.28　紫外法测定 V_c 含量标准曲线

5.1.3　条形图和柱形图

条形图是用等宽长条的长短来表示数据的大小,以反映各数据点的差异。条形图纵置时称为柱形图,柱形图是用等宽长柱的高低表示数据的大小。值得注意的是,这类图形的两个坐标轴的性质不同,其中,一条轴为数值轴,用于表示数量属性的因素或变量;另一条轴为分类轴,常表示的是非数量属性因素或变量。此外,条形图和柱形图也有单式和复式两种形式,如果只涉及一项指标,则采用单式;如果涉及两个或两个以上的指标,则可采用复式。

案例 5.4　单式柱形图和复式条形图

表 5.4 表示采用碱提法、醇提法、酶提法和超声法从植物 1 和植物 2 中提取有效成分的提取率(%)。请用单式柱形图表示从植物 1 中提取有效成分试验中,不同提取效果的比较;用复式条形图表示不同提取方法对两种植物中有效成分提取率的比较。

表 5.4　植物不同方法提取率/%

提取方法	碱提法	醇提法	酶提法	超声法
植物 1	3.8	4.2	6.8	9.3
植物 2	4.2	5.3	7.5	11.8

操作步骤如下:

①将表格复制到 Excel,选中提取方法和植物 1 两行,单击柱形图中二维柱形图,如图 5.29、图 5.30 所示。

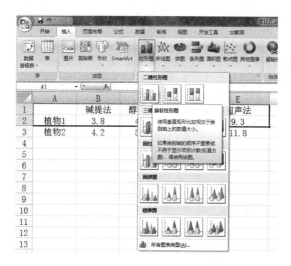

图 5.29

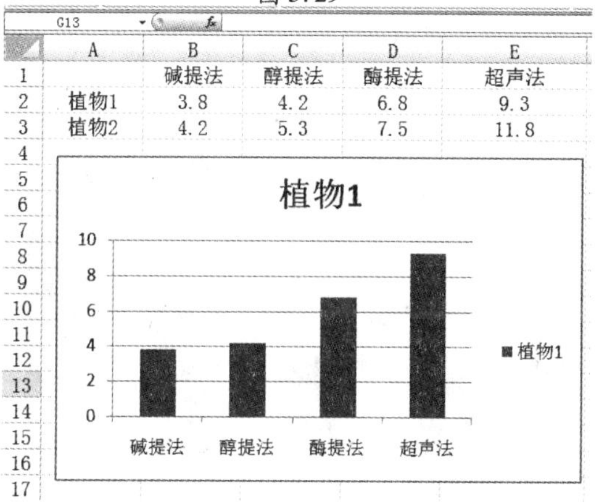

图 5.30

②选中全部表格,单击条形图中二维条形图,如图 5.31、图 5.32 所示。

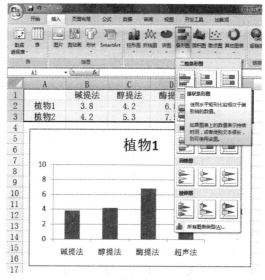

图 5.31

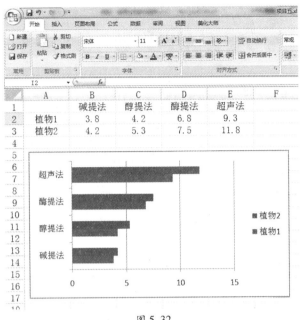

图 5.32

③选择表格出现图表工具,将图表修改成需要的格式(见图5.33、图5.34)。

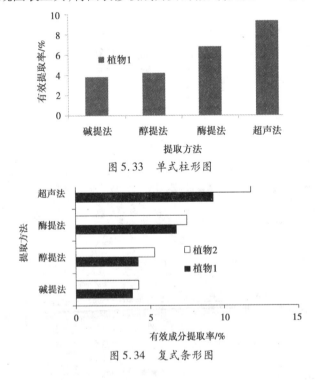

图 5.33　单式柱形图

图 5.34　复式条形图

5.1.4　圆形图和环形图

圆形图也称饼图,它可表示总体中各组分部分所占的比例。圆形图只适合于包含一个数据系列的情况,它在需要重点突出某个重要项时十分有用。将饼图的总面积看成100%,按各项的构成比将圆面积分成若干份，每3.6°圆心角所对应的面积为1%，以扇形面积的大小来分别表示各项的比例。

案例5.5　圆形图

脂肪酸是一种重要的工业原料，表5.5列出了某国脂肪酸的应用领域。试根据这些数据画出圆形图。

表5.5　某国脂肪酸应用领域

应用领域	橡胶工业	合成表面活性剂	润滑油(脂)	肥皂及洗涤剂	金属皂	其　他
比例/%	18	11	5	23	21	22

操作步骤如下：

①将表格复制到Excel(见图5.35)。

	A	B	C	D	E	F	G
1	应用领域	橡胶工业	成表面活性	润滑油（脂）	肥皂及洗涤剂	金属皂	其他
2	比例/%	18	11	5	23	21	22
3							

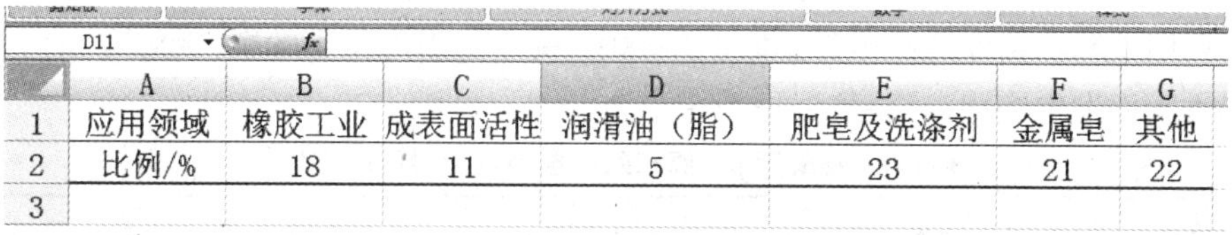

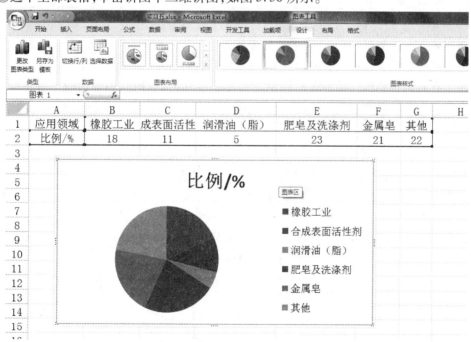

图5.35

②选中全部表格，单击饼图中二维饼图，如图5.36所示。

图5.36

③选择表格出现图表工具，将图表修改成需要的格式(见图5.37)。

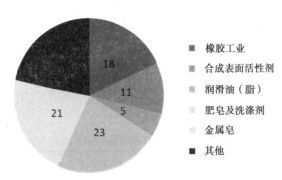

		■	橡胶工业	
	18	■	合成表面活性剂	
21	11	▨	润滑油（脂）	
	5	▧	肥皂及洗涤剂	
	23	▨	金属皂	
		■	其他	

图 5.37 脂肪酸应用领域

 反思与练习

1. 在利用某种细菌发酵产生纤维素的研究中,选用甘露醇作为碳源,发酵液 pH 值和残糖量随发酵时间而发生变化,试验数据见表 5.6。

表 5.6 发酵液 pH 值和残糖量随发酵时间的变化

发酵时间/d	0	1	2	3	4	5	6	7	8
pH 值	5.4	5.8	6	5.9	5.8	5.7	5.6	5.4	5.3
残糖量/(g·L⁻¹)	24.5	13.3	11.2	10.1	9.5	8.1	7.8	7.2	6.5

试根据表 5.6 的数据,在一个普通直角坐标系中画出发酵时间与发酵液 pH,以及发酵时间与发酵液残糖量的关系曲线,并根据图形说明变化规律。

2. 用大孔吸附树脂纯化某种天然棕色素的实验中,以每克树脂的吸附量作为试验指标,通过静态吸附试验筛选合适的大孔吸附树脂,试验数据见下表。试选用合适的图形来表达表 5.7 中数据。

表 5.7 不同大孔吸附树脂对天然棕色素的吸附量

树脂型号	DA-201	NKA-9	AB-8	D-4006	D-101	S-8	NKA-Ⅱ
吸附量/(mg·g⁻¹)	17.14	17.77	1.87	13.71	0.55	13.33	3.67

3. 试根据表 5.8 中两个产地几种植物油的凝固点数据,画出复式柱形图或条形图。

表 5.8 不同产地植物油的凝固点

植物油	凝固点/℃	
	甲	乙
花生油	2.9	3.5
棉籽油	−6.3	−6.2
蓖麻油	−0.1	0.5
菜籽油	5.3	5.0

任务 5.2 正交小助手的使用

5.2.1 软件简介

正交设计助手是一款针对正交实验设计及结果分析而制作的专业软件。正交设计方法是常用的实验设计方法,它以较少的实验次数得到科学的实验结论。但是,人们经常不得不重复一些机械的工作,如填实验安排表,计算各个水平的均值,等等。正交设计助手可帮助人们完成这些烦琐的工作。此款软件支持混合水平实验,支持结果输出到 RTF,CVS,HTML 页面和直接打印。

5.2.2 创建与管理工程

打开软件后,在文件菜单项下可以"新建工程"或"打开工程",工程文件以 lat 作为扩展名。实验项目树区域,右键单击当前的工程名,可修改工程名称。

5.2.3 设计实验

新建实验:在当前工程文件中新增一个实验项目,一个工程可包含多个实验项目。每个实验项目包括以下内容:
①实验名称、实验描述、选用的正交表类型。
②选用的正交表。
③表头设计结果(每个实验因素的名称、所在列及各水平的描述)。
注意:右键单击当前的实验名称,可以修改实验信息或删除当前实验。

5.2.4 分析实验结果

1)直观分析
根据所选用的正交表对当前实验数据作出基本的直观分析表。
2)因素指标
以直观分析表的结果,作出当前的因素指标图(即效应曲线图)。
3)交互作用
选择两个因素进行交互作用分析,作出交互作用表。
4)方差分析
设定数据中的误差所在列,并选择所要采用的 F 检验临界值表,计算出偏差平方和(S 值)和 F 比,并给出显著性指标。
注意:如果实验数据未正确输入,系统不能进行分析操作。
案例 5.6 用正交小助手分析正交实验结果
柠檬酸硬脂酸单甘脂是一种新型的食品乳化剂,它是柠檬酸与硬脂酸单甘脂在一定真空

度下,通过酯化反应制得,现对其合成工艺进行优化,以提高乳化剂的乳化能力。乳化能力测定方法是:将产物加入油水混合物中,经充分地混合、静置分层后,将乳状液层所占的体积百分比作为乳化能力。根据探索性试验,确定的因素与水平见表5.9,假定因素间无交互作用。

表5.9 因素水平表

水 平	温度(A)/ ℃	酯化时间(B)/h	催化剂种类(C)
1	130	3	甲
2	120	2	乙
3	110	4	丙

操作步骤如下:

①打开正交设计助手,选择"文件"选项,选择新建工程,右键单击未命名工程可以修改名称(见图5.38)。

图5.38

②再选择"实验"选项,选择新建实验,会出现设计向导,如图5.39所示。

图5.39

③填写设计向导中的实验说明(见图5.40)。

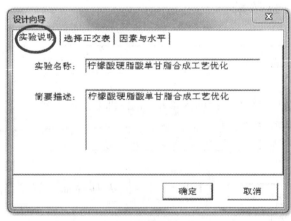

图5.40

④选择正交表,本实验为4因素3水平,应选取 L9_3_4,如图5.41所示。

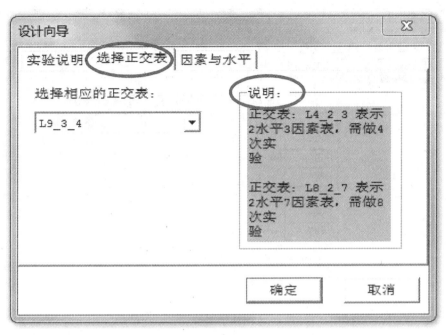

图 5.41

⑤填写因素和水平信息,单击"确定"按钮,如图 5.42 所示。

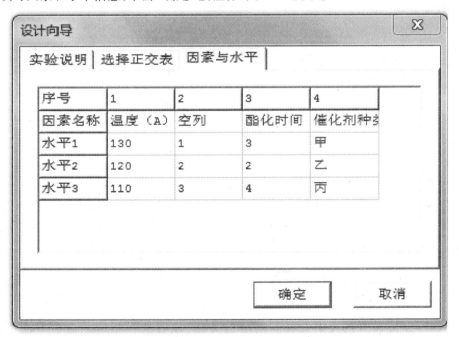

图 5.42

⑥单击工程前的小图标,就会出现设置好的实验计划表,如图 5.43 所示。

图 5.43

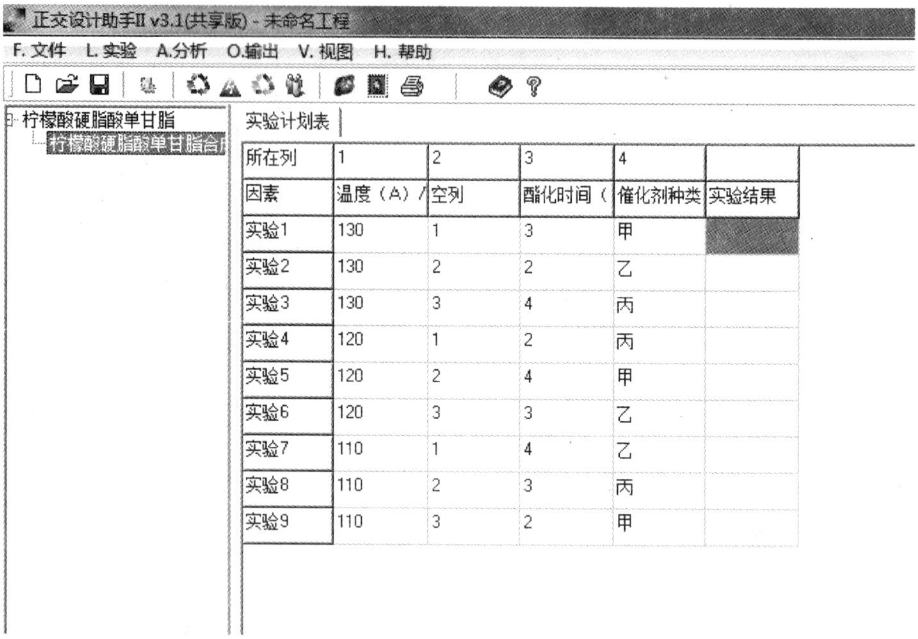

⑦按照图5.43的实验计划表进行实验。实验完成后输入实验结果,进行实验分析(见图5.44)。

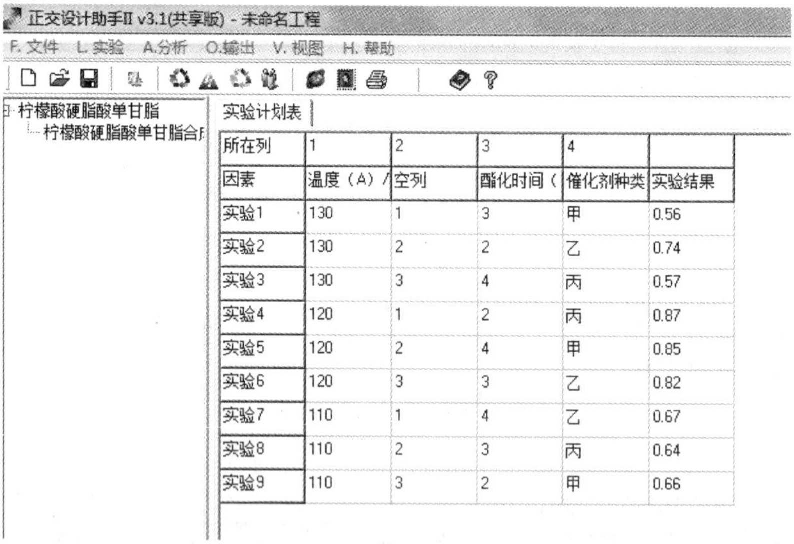

所在列	1	2	3	4	
因素	温度(A)	空列	酯化时间(	催化剂种类	实验结果
实验1	130	1	3	甲	0.56
实验2	130	2	2	乙	0.74
实验3	130	3	4	丙	0.57
实验4	120	1	2	丙	0.87
实验5	120	2	4	甲	0.85
实验6	120	3	3	乙	0.82
实验7	110	1	4	乙	0.67
实验8	110	2	3	丙	0.64
实验9	110	3	2	甲	0.66

图 5.44

⑧再选择分析选项在其中选择所需分析方法,或者选择相应的分析方法的快捷键(见图5.45)。

分析方法快捷键

图 5.45

单击"直观分析表"快捷键,出现如图 5.46 所示的表格。

所在列	1	2	3	4	
因素	温度（A）/	空列	酯化时间（	催化剂种类	实验结果
实验1	1	1	1	1	0.56
实验2	1	2	2	2	0.74
实验3	1	3	3	3	0.57
实验4	2	1	2	3	0.87
实验5	2	2	3	1	0.85
实验6	2	3	1	2	0.82
实验7	3	1	3	2	0.67
实验8	3	2	1	3	0.64
实验9	3	3	2	1	0.66
均值1	0.623	0.700	0.673	0.690	
均值2	0.847	0.743	0.757	0.743	
均值3	0.657	0.683	0.697	0.693	
极差	0.224	0.060	0.084	0.053	

图 5.46

单击"效应曲线图"快捷键,出现如图 5.47 所示的曲线。

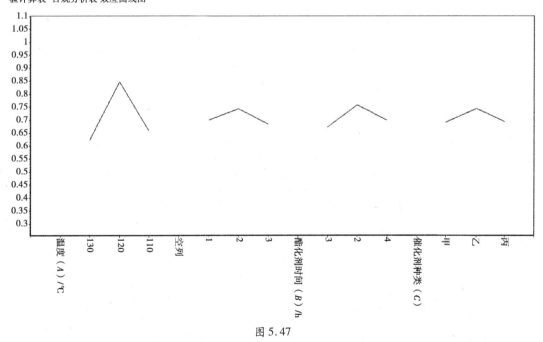

图 5.47

单击"方差分析表"快捷键,根据实验要求选择方差分析设置,单击"确定"按钮后得到方差分析表,如图 5.48—图 5.49 所示。

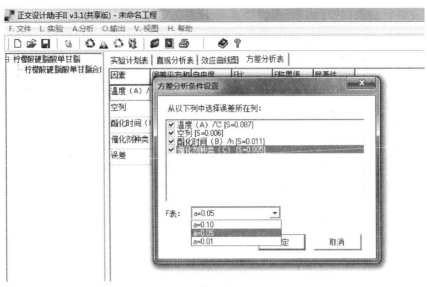

图 5.48

因素	偏差平方和	自由度	F比	F临界值	显著性
温度（A）/	0.087	2	3.193	4.460	
空列	0.006	2	0.220	4.460	
酯化时间（	0.011	2	0.404	4.460	
催化剂种类	0.005	2	0.183	4.460	
误差	0.11	8			

图 5.49

⑨如需保存工程,可选择"文件"→"保存工程",或者单击快捷键,如图 5.50 所示。

图 5.50

反思与练习

　　用乙醇水溶液分离某种废弃农作物的木质素,考察了 3 个因素(溶剂浓度、温度和时间)对木质素得率的影响,因素水平见表 5.10。将因素 A,B,C,依次安排在正交表 L9(34)的 1,2,3 列,不考虑因素间交互作用。9 个实验结果 y(得率/%)依次为 5.3,5.0,4.9,5.4,6.4,3.7,3.9,3.3,2.4。用正交小助手设计并分析实验结果。

表 5.10　分离木质素因素表

水平	(A)溶剂浓度/%	(B)反应温度/℃	保温时间/h
1	60	140	3
2	80	160	2
3	100	180	1

任务 5.3　SPSS 分析软件的使用

5.3.1　SPSS 软件简介

SPSS 是"Statistical Package for the Social Sciences"的首个字母缩写,即"社会科学统计软件包"。随着 SPSS 产品服务领域的扩大和服务深度的增加,SPSS 公司决定将其英文全称改为"Statistical Product and Service Solutions",即"统计产品与服务解决方案"。

5.3.2　SPSS 软件主要特点及软件使用

1)软件的主要特点

(1)操作简便

它的界面非常友好,除了数据录入及部分命令程序等少数输入工作需要键盘键入外,大多数操作可通过鼠标拖曳、单击"菜单""按钮"和"对话框"来完成。

(2)编程方便

它具有第四代语言的特点,告诉系统要做什么,无须告诉怎样做。只要了解统计分析的原理,不需通晓统计方法的各种算法,即可得到需要的统计分析结果。

(3)功能强大

它具有完整的数据输入、编辑、统计分析、报表、图形制作等功能。自带 11 种类型 136 个函数。

(4)全面的数据接口

它能够读取及输出多种格式的文件。如由 dBASE,FoxBASE,FoxPRO 产生的 *.dbf 文件,文本编辑器软件生成的 ASCⅡ 数据文件,Excel 的 *.xls 文件等均可转换成可供分析的 SPSS 数据文件。能够把 SPSS 的图形转换为 7 种图形文件。结果可保存为 *.txt,word,PPT 及 html 格式的文件。

2)软件对运行环境的要求

(1)硬件环境要求

SPSS 运行时往往需要打开图形编辑或文本编辑等应用软件,为了保证电脑的运行速度及各应用软件功能和正常实现,内存配置最好在 512 M 以上。

(2)软件环境要求

建议在简体中文版 windows 下运行。高版本的支持 win7(SPSS19.0)。

5.3.3 SPSS 运行方式

1)批处理方式

将已经编好的程序存储为一个文件,然后在 SPSS 的 Production 程序中打开并运行。

2)完全菜单窗口运行方式

主要通过利用鼠标选择窗口菜单和对话框完成各种操作。本书主要介绍这种方式。

3)程序运行方式

在命令窗口中,直接运行编写好的程序或在脚本窗口中运行脚本程序。它与批处理方式都需要使用者掌握专业的 SPSS 编程语法才能完成操作。

5.3.4 SPSS 软件启动

启动方式:有以下 3 种启动方式:

①通过单击"开始"→所有程序→"IBM SPSS Statistics"快捷方式启动。

②通过双击 SPSS 的默认文件" * . sav"启动。

③通过双击桌面创建的 SPSS 快捷方式启动。

5.3.5 SPSS 软件界面介绍

下面以 SPSS17.0 为例来介绍软件的界面。

①启动软件后,可见如图 5.51 所示的界面。

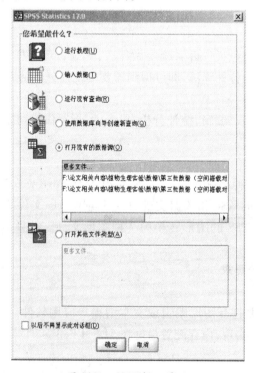

图 5.51　SPSS 提示界面

②软件界面介绍如图5.52所示。

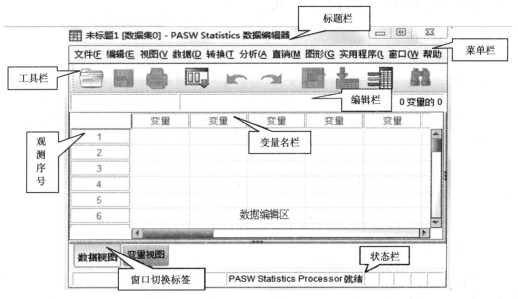

图 5.52　软件界面介绍

5.3.6　退出 SPSS 软件方法

①直接单击 SPSS 窗口右上角的关闭按钮。

②单击 SPSS 标题栏上的快捷图标,在弹出的快捷菜单中选择"关闭"。

③单击菜单栏中的"文件",选择"退出"。

④在桌面状态栏上,选择 SPSS 程序并单击右键,在弹出的快捷菜单中选择"关闭窗口"命令。

5.3.7　SPSS 数据分析的一般步骤

1）数据文件的准备

按照 SPSS 要求,利用 SPSS 提供的功能准备数据文件,主要包括在数据编辑窗口中定义 SPSS 数据的结构、录入和修改数据等。

2）数据的加工整理

对数据编辑窗口中的数据进行预处理。

3）数据的分析

选择正确的统计方法对数据编辑窗口中的数据进行分析建模。

4）分析结果的阅读和解释

读懂 SPSS 输出的分析结果,明确其统计含义,并结合应用背景知识作出切合实际的合理解释。

5.3.8 利用 SPSS 进行数据分析

1）创建数据文件

（1）SPSS 数据文件简介

SPSS 数据文件是一种结构性数据文件，由数据的结构和数据内容两部分组成（见图5.53）。

变量 →	姓名	性别	年龄	…
	张三	1	45	…
	李四	2	23	…
观测	⋮	⋮	⋮	⋮
	王五	2	45	…

（数据内容）

图 5.53　数据结构

（2）SPSS 数据中变量的属性

SPSS 中变量共有 10 个属性：变量名（Name）、变量类型（Type）、长度（Width）、小数点位置（Decimals）、变量名标签（Label）、变量名值标签（Value）、缺失值（Missing）、数据列的显示宽度（Columns）、对齐方式（Align）以及变量尺度（Measure）等。在定义一个变量时至少要定义它的两个属性：变量名和变量类型。其他的暂时采用系统默认，待以后分析过程中根据需要进行设置。

（3）SPSS 中变量属性定义

在 SPSS 数据编辑窗口中单击"变量视图"标签，打开变量视窗界面，对变量的各个属性进行定义（见图5.54）。

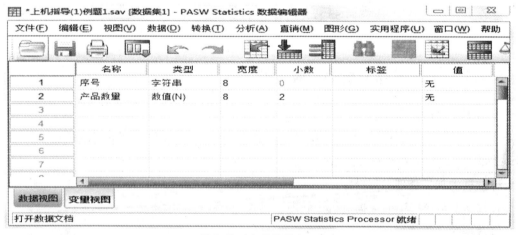

图 5.54　变量属性定义

2）准备数据

（1）录入数据

单击左下角的数据视图标签进入数据视窗界面，将每个变量的具体数值录入数据库单元格内。

（2）读取外部数据

选择"文件"→"打开"→"数据"，调出打开数据对话框，在文件类型下拉列表中选择需要打开的数据文件类型，然后在查找范围处选择需打开文件的位置及文件，即可打开所需要的文件（见图5.55）。

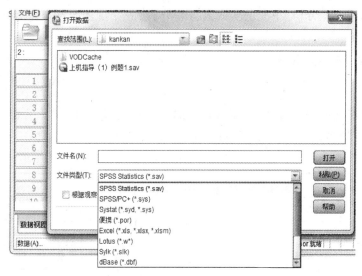

图5.55　打开数据

（3）SPSS中数据整理

在SPSS中主要使用"数据"和"转换"两个菜单对数据进行整理。主要有以下5个步骤：

①排序。选择"数据"→"排列个案"命令，打开排序对话框。

②抽样。选择"数据"→"选择个案"命令，打开选择个案对话框。

③数据的合并。选择"数据"→"合并文件"→"添加个案"或者"添加变量"命令，通过进一步设置完成数据合并。

④数据拆分。对数据文件中的观测值进行分组。选择"数据"→"拆分文件"命令，打开分割文件对话框。

⑤计算新变量。在对数据文件中的数据进行统计分析的过程中，为了更有效地处理数据和反映事物的本质，需要对数据文件中的变量加工产生新的变量。选择"转换"→"计算变量"命令，打开计算变量对话框进行操作。

（4）SPSS中数据的保存

通过打开"文件"→"保存"，或者"文件"→"另存为"菜单方式来保存文件。SPSS默认数据文件扩展名为"＊.sav"。

5.3.9　方差分析

1）方差分析的3个基本概念

方差分析的3个基本概念为观测变量、因素和水平。

①观测变量。进行方差分析所研究的对象。

②因素。影响观测变量的客观或人为条件。

③水平。因素的不同类别或不同取值。

2）SPSS 方差分析的方法

单变量单因素方差分析、单变量多因素方差分析、多变量多因素方差分析。下面分别举例进行分析。

3）单变量单因素方差分析

案例 5.7

某仓库存放有 3 种绿色食品,现在对它们的含水量进行随机抽样(见表 5.11)。试在显著性水平 0.05 下检验各个品种的平均含水量有无显著差异。

表 5.11 3 种绿色食品的平均含水量

Ⅰ		Ⅱ		Ⅲ	
73	66	88	77	68	41
89	60	78	31	79	59
82	45	48	78	56	68
43	93	91	62	91	53
80	36	51	76	71	79
73	77	85	96	71	15
78	79	74	80	87	75
76	87	56	85	97	89

操作步骤如下:

①建立平均含水量数据文件,并保存为"平均含水量. sav"。

②选择"分析"→"比较均值"→"单因素方差"(见图 5.56)命令,打开单因素方差分析窗口,将"平均含水量"移入"因变量列表"框,将"食品类别"移入"因子"框(见图 5.57)。

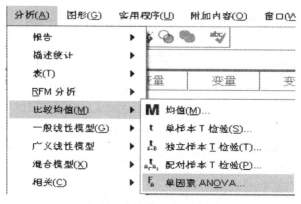

图 5.56 选择单因素方差分析

图 5.57　选择因变量

③单击"两两比较"按钮,打开"单因素 ANOVA:两两比较"窗口(见图 5.58)。

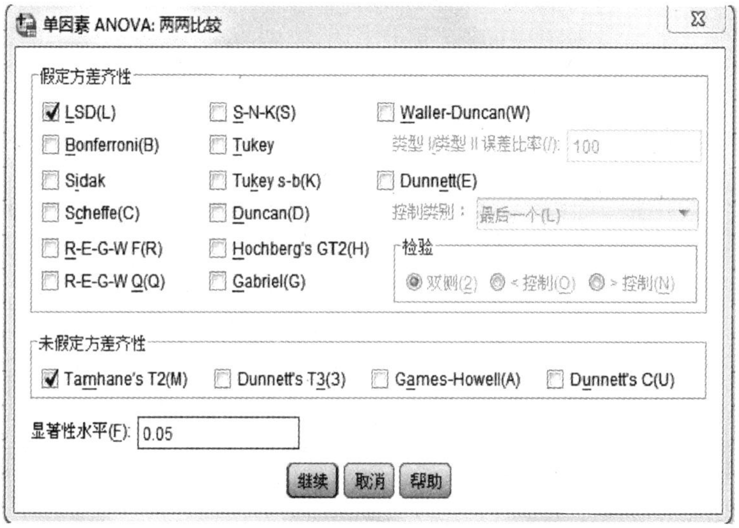

图 5.58　单因素两两比较

④在"假定方差齐性"选项栏中选择常用的"LSD"检验法,在"未假定方差齐性"选项栏中选择"Tamhane's"检验法。在"显著性水平"框中输入"0.05",单击"继续"按钮,回到方差分析窗口。

⑤单击"选项"按钮,打开"单因素 ANOVA"选项窗口(见图 5.58),在统计量选项框中勾选"描述性"和"方差同质性检验"。并勾选均值图复选框,单击"继续"按钮,回到"单因素 ANOVA"选项窗口,单击"确定"按钮,就会在输出窗口中输出分析结果(见图 5.59、图 5.60)。

Test of Homogeneity of Variances

平均含水量

Levene Statistic	df1	df2	Siq.
.115	2	45	.892

图 5.59　方差齐性检验

ANOVA

平均含水量

	Sum of Squares	df	Mean Square	F	Siq.
Between Groups	105.292	2	52.646	0.153	0.859
Within Groups	15 505.375	45	344.564		
Total	15 610.667	47			

图 5.60　方差分析

案例 5.8　不同温度与不同湿度对菌种存活的影响

研究得试验数据见表 5.12。分析不同温度和湿度对菌种存活期的影响是否存在着显著性差异。

表 5.12　不同温度、湿度下菌种的存活度

相对湿度/%	温度/℃	重 复			
		1	2	3	4
100	25	91.2	95	93.8	93
	27	87.6	84.7	81.2	82.4
	29	79.2	67	75.7	70.6
	31	65.2	63.3	63.6	63.3
80	25	93.2	89.3	95.1	95.5
	27	85.8	81.6	81	84.4
	29	79	70.8	67.7	78.8
	31	70.7	86.5	66.9	64.9
40	25	100.2	103.3	98.3	103.8
	27	90.6	91.7	94.5	92.2
	29	77.2	85.8	81.7	79.7
	31	76.6	73.2	76.4	72.5

操作步骤如下：

①建立数据文件"菌种. sav"。

②选择"分析"→"一般线性模型"→"单变量"命令，打开单变量设置窗口（见图 5.61）。

选项说明如下：

①因变量。用于设置因变量，本例中为"菌种存活度"。

②固定因子。用于设置用于方差分析的因素，可以选择多个因素变量，本例中为"温度"和"湿度"。

③随机因子。可以选择多个随机变量。

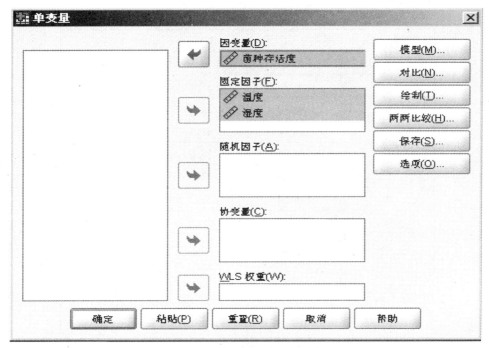

图 5.61 选择单变量分析模式

④协变量。如果需要去除某个变量对因素变量的影响,可将这个变量移到"协变量"框中。

⑤权重。如果需要分析权重变量的影响,将权重变量移到"WLS Weight"框中。

⑥模型。在窗口中单击"模型"按钮,则打开"模型"设置窗口,设置所需要的模型,此处选用默认,单击"继续"按钮返回。

⑦对比。在窗口中单击"对比"按钮,打开"单变量:对比"窗口进行设置,单击"继续"按钮返回。

⑧绘制。单击"绘制"按钮,设置比较模型中的边际均值轮廓图,单击"继续"按钮返回。

⑨两两比较。用于设置两两比较检验,本例中设置为"温度"和"湿度",单击"继续"按钮返回。

⑩保存。通过对"单变量:保存"窗口进行设置,可将所计算的预测值、残差和检测值作为新的变量保存在编辑数据文件中,以便在其他统计分析中使用这些值。

⑪选项。单击"选项"按钮,可设置输出统计量。

案例 5.9

调查了 29 人身高、体重和肺活量的数据见表 5.13。试分析这三者之间的相互关系。

表 5.13 相关分析数据

编 号	身 高	体 重	肺活量
1	135.10	32.0	1.75
2	139.90	30.4	1.75
3	163.60	46.2	2.75

续表

编　号	身　高	体　重	肺活量
4	146.50	33.5	2.50
5	156.20	37.1	2.75
6	156.40	35.5	2.00
7	167.80	41.5	2.75
8	149.70	31.0	1.50
9	145.00	33.0	2.50
10	148.50	37.2	2.25
11	165.50	49.5	3.00
12	135.00	27.6	1.25
13	153.30	41.0	2.75
14	152.00	32.0	1.75
15	160.50	47.2	2.25
16	153.00	32.0	1.75
17	147.60	40.5	2.00
18	157.50	43.3	2.25
19	155.10	44.7	2.75
20	160.50	37.5	2.00
21	143.00	31.5	1.75
22	149.90	33.9	2.25
23	160.80	40.4	2.75
24	159.00	38.5	2.25
25	158.20	37.5	2.00
26	150.00	36.0	1.75
27	144.50	34.7	2.25
28	154.60	39.5	2.50
29	156.50	32.0	1.75

操作步骤如下：

①建立数据文件"生理数据. sav"。

②选择"分析"→"相关"→"双变量"命令，打开双变量相关分析对话框。

③选择分析变量：将"身高""体重"和"肺活量"分别移入分析变量框中。

④选择相关分析方法：在相关系数栏有 3 种相关系数，分别对应以下 3 种方法：

a. pearsonhc 皮尔逊相关系数：计算连续变量或者是等间隔测度的变量间的相关系数。系统默认方法。

b. Kendall'stau-b 肯德尔 τ-b 复选项:计算分类变量之间的秩相关。

c. Speaman 斯皮尔曼相关复选项:计算斯皮尔曼秩相关。

⑤显著性检验:

a. 双侧检验:事先不知道相关方向时选择此项。

b. 单侧检验:如果事先知道相关方向可以选择此项。

c. "标记显著性检验"复选项:选中该复选项,输出结果中在相关系数右上角用"＊"表示显著性水平为5%,用"＊＊"表示显著水平为1%。

⑥"选项"对话框中的选择项:在双变量相关主窗口中单击"选项"按钮,打开"双变量相关性:选项"窗口,本例在统计量选项选择"均值和标准差",在缺失值选项选择默认,即"按对排除个案"(见图5.62)。

图 5.62　相关分析"选项"对话框

⑦在双变量主窗口单击"确定"按钮,SPSS 就会把分析结果显示在输出浏览器中(见图5.63)。

描述性统计量

	均　值	标准差	N
身高	152.596 6	8.361 50	29
体重	37.128	5.532 8	29
肺活量	2.189 7	.451 46	29

(a)

相关性

		身　高	体　重	肺活量
身高	Pearson 相关性	1	.742＊＊	.600＊＊
	显著性(双侧)		.000	.001
	N	29	29	29
体重	Pearson 相关性	.742＊＊	1	.751＊＊
	显著性(双侧)	.000		.000
	N	29	29	29
肺活量	Pearson 相关性	.600＊＊	.751＊＊	1
	显著性(双侧)	.001	.000	
	N	29	29	29

＊＊ 在1.0水平(从侧)上显著相关。

(b)

图 5.63　相关分析结果描述

⑧结果分析:图5.63(a)给出了各分析变量的描述统计量"均值""标准差"和"样本量 N"。由图5.63(b)可知,身高与体重的相关系数为0.742,其显著性水平在0.01以上,肺活量 与体重的相关系数为0.751,其显著性水平在0.01以上。

5.3.10　回归分析

1)回归分析的统计学原理

回归分析是研究两个或多个变量之间因果关系的统计方法。其基本思想是在相关分析 的基础上,对具有相关关系的两个或多个变量之间数量变化的一般关系进行测定,确立一个 合适的数学模型,以便从一个已知量推断另一个未知量。回归分析的主要任务是根据样本数 估计参数,建立回归模型,对参数和模型进行检验和判断,并进行预测等。

2)SPSS 中常用回归分析

常用回归分析如图5.64所示,以线性回归为例加以说明。

图5.64　常用回归分析

3)线性回归:一元线性回归和多元线性回归

在回归分析中,只包括一个自变量和一个因变量,且两者的关系可用一条直线近似表示, 这种回归分析称为一元线性回归分析。如果回归分析中包括两个或两个以上的自变量,且因 变量和自变量之间是线性关系,则称为多元线性回归分析。

案例5.10　考察中国居民收入与消费支出的关系

变量说明:

GDPP:人均国内生产总值。

CONSP:人均居民消费。

操作步骤以下:

①建立数据文件"居民消费水平. sav"。

②选择"分析"→"回归"→"线性"命令,打开线性回归分析对话框(见图5.65)。

图 5.65 线性回归分析对话框

③选择因变量和自变量：将人均居民消费"CONSP"移入"因变量"框中，将人均国内生产总值"GDPP"移入"自变量"窗口中。

④在线性回归窗口中单击"统计量"按钮，打开线性回归统计量窗口，对统计量进行设置（见图 5.66）。

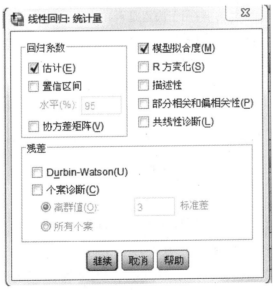

图 5.66 线性回归统计量

在回归系统选项中，选中"估计"选项可输出回归系数 B 及其标准误，t 值和 p 值，还有标准化的回归系数 beta。选中"模型拟合度"选项可输出模型拟合过程中进入、退出的变量的列表，以及一些有关拟合优度的检验：R，R_2 和调整的 R_2，标准误及方差分析表。

⑤如图 5.67 所示，在线性回归窗口中单击"绘制"按钮打开"线性回归：图"窗口，选择绘制标准化残差图，其中的正态概率图是 rankit 图。同时，还需要画出残差图，Y 轴选择"ZRESID"，X 轴选择"ZPRED"。

图 5.67　线性回归标准化窗口

图 5.67 中左上框中各项的意义分别如下：

"DEPENDNT"因变量；"ZPRED"标准化预测值；"ZRESID"标准化残差；"DRESID"删除残差；"ADJPRED"调节预测值；"SRESID"学生化残差"SDRESID"学生化删除残差。

⑥线性回归窗口的"保存"用于存储回归分析的中间结果（如预测值系列、残差系列、距离（Distances）系列、预测值可信区间系列、波动统计量系列等），以便作进一步的分析，本次实验暂不保存任何项。

⑦如图 5.68 所示，在线性回归窗口中单击"选项"按钮，打开"线性回归：选项"窗口。

a."步进方法标准"单选钮组：设置纳入和排除标准，可按 P 值或 F 值来设置。

b."在等式中包含常量"复选框：用于决定是否在模型中包括常数项，默认选中。

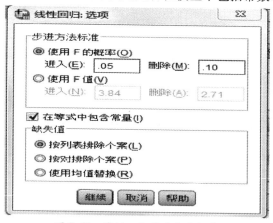

图 5.68　线性回归步进方法标准

⑧结果输出与分析。包括以下结果：回归分析过程中输入、移去模型记录；模型汇总；离散分析（Anova）；回归方程的系数；残差正态概率图（rankit 图）、残差分析图和直方图。

根据以上输出结果，通过逐个分析，就可得出回归方程以及验证回归模型。

此例中得到的回归方程为

$$y = 201.119 + 0.386x$$

式中　y——人均居民消费；

　　　x——人均国内生产总值。

反思与练习

1. 养鸡场要检验 4 种饲料配方对小鸡增重是否相同,用同一种饲料分别喂养 6 只同一品种同时孵出的小鸡,共饲养了 8 周,每只鸡增重(g)数据见表 5.14。

表 5.14

配　方	增量 1	增量 2	增量 3	增量 4	增量 5	增量 6
1	370	420	450	490	500	450
2	490	380	400	390	500	410
3	330	340	400	380	470	360
4	410	480	400	420	380	410

根据结果试分析 4 种不同配方的饲料对小鸡增重的影响。

2. 为调查生物学考分是否与学生来源有关,某校一项调查结果见表 5.15。

表 5.15

分数段	>90	70~89	<70
城市来源	66	98	39
农村来源	89	83	16

问生物学考分是否与学生来源有关?

3. 一个品牌的方便面面饼的标称质量是 80 g,但是不能大小相差很大,因此要求标准差小于 2 g。先从生产线包装前的传送带上随机抽取部分面饼,称重数据记录在数据文件。问这批面饼质量是否符合要求?

4. 为了解内毒素对肌酐的影响,将 20 只雌性中年大鼠随机分为甲组和乙组。甲组中的每只大鼠不给予内毒素,乙组中的每只大鼠则给予 3 mg/kg 的内毒素。分别测得两组大鼠的肌酐(mg/L)结果见表 5.16。问内毒素是否对肌酐有影响?

表 5.16

甲　组	乙　组
6.2	8.5
3.7	6.8
5.8	11.3
2.7	9.4
3.9	9.3
6.1	7.3
6.7	5.6
7.8	7.9
3.8	7.2
6.9	8.2

附录　统计分析常用表

附表 1　正态分布表

$$\Phi(u) = \frac{1}{\sqrt{2\pi}} \int_{-\infty}^{M} e^{-\frac{\pi^2}{2}} du \qquad (u \leqslant 0)$$

u	0.00	0.01	0.02	0.03	0.04	0.05	0.06	0.07	0.08	0.09	u
−0.0	0.5000	0.4960	0.4920	0.4880	0.4840	0.4801	0.4761	0.4721	0.4681	0.4641	−0.0
−0.1	0.4602	0.4562	0.4522	0.4483	0.4443	0.4404	0.4364	0.4325	0.4286	0.4247	−0.1
−0.2	0.4207	0.4168	0.4129	0.4090	0.4052	0.4013	0.3974	0.3936	0.3897	0.3859	−0.2
−0.3	0.3821	0.3783	0.3745	0.3707	0.3669	0.3632	0.3594	0.3557	0.3520	0.3483	−0.3
−0.4	0.3446	0.3409	0.3372	0.3336	0.3300	0.3264	0.3228	0.3192	0.3156	0.3121	−0.4
−0.5	0.3085	0.30050	0.3015	0.2981	0.2946	0.2912	0.2877	0.2843	0.2810	0.2776	−0.5
−0.6	0.2743	0.2709	0.2673	0.2643	0.2611	0.2578	0.2546	0.2514	0.2483	0.2451	−0.6
−0.7	0.2420	0.2389	0.2358	0.2327	0.2297	0.2266	0.2236	0.2206	0.2177	0.2148	−0.7
−0.8	0.2119	0.2090	0.2061	0.2033	0.2005	0.1977	0.1949	0.1922	0.1894	0.1867	−0.8
−0.9	0.1841	0.1814	0.1788	0.1762	0.1736	0.1711	0.1685	0.1660	0.1635	0.1611	−0.9
−1.0	0.1587	0.1562	0.1539	0.1515	0.1492	0.1469	0.1446	0.1423	0.1401	0.1379	−1.0
−1.1	0.1357	0.1335	0.1314	0.1292	0.1271	0.1251	0.1230	0.1210	0.1190	0.1170	−1.1
−1.2	0.1151	0.1131	0.1112	0.1093	0.1075	0.1056	0.1038	0.1020	0.1003	0.09853	−1.2
−1.3	0.09680	0.09510	0.09342	0.09176	0.09012	0.08851	0.08691	0.08534	0.08379	0.08226	−1.3
−1.4	0.08076	0.07927	0.07780	0.07636	0.07493	0.07353	0.07215	0.07078	0.06944	0.06811	−1.4
−1.5	0.06681	0.06552	0.06426	0.06301	0.06178	0.06057	0.05938	0.05821	0.05705	0.05592	−1.5
−1.6	0.05480	0.05370	0.05262	0.05155	0.05050	0.04947	0.04846	0.04746	0.04648	0.04551	−1.6
−1.7	0.04457	0.04363	0.04272	0.04182	0.04093	0.04006	0.03920	0.03836	0.03754	0.03673	−1.7
−1.8	0.03593	0.03515	0.03438	0.03362	0.03288	0.03216	0.03144	0.03074	0.03005	0.02938	−1.8
−1.9	0.02872	0.02807	0.02743	0.02680	0.02619	0.02559	0.02500	0.02442	0.02385	0.02330	−1.9
−2.0	0.02275	0.02222	0.02169	0.02118	0.02068	0.02018	0.01970	0.01923	0.01876	0.01831	−2.0
−2.1	0.01786	0.01743	0.01700	0.01659	0.01618	0.01578	0.01539	0.01500	0.01463	0.01426	−2.1
−2.2	0.01390	0.01355	0.01321	0.01287	0.01255	0.01222	0.01191	0.01160	0.01130	0.01101	−2.2
−2.3	0.01072	0.01044	0.01017	$0.0^2 9903$	$0.0^2 9642$	$0.0^2 9387$	$0.0^2 9137$	$0.0^2 8894$	$0.0^2 8656$	$0.0^2 8424$	−2.3

续表

u	0.00	0.01	0.02	0.03	0.04	0.05	0.06	0.07	0.08	0.09	u
-2.4	$0.0^2 8198$	$0.0^2 7976$	$0.0^2 7760$	$0.0^2 7549$	$0.0^2 7344$	$0.0^2 7143$	$0.0^2 6947$	$0.0^2 6756$	$0.0^2 6569$	$0.0^2 6387$	-2.4
-2.5	$0.0^2 6210$	$0.0^2 6037$	$0.0^2 5868$	$0.0^2 5703$	$0.0^2 5543$	$0.0^2 5386$	$0.0^2 5234$	$0.0^2 5085$	$0.0^2 4940$	$0.0^2 4799$	-2.5
-2.6	$0.0^2 4661$	$0.0^2 4527$	$0.0^2 4396$	$0.0^2 4269$	$0.0^2 4145$	$0.0^2 4025$	$0.0^2 3907$	$0.0^2 3793$	$0.0^2 3681$	$0.0^2 3573$	-2.6
-2.7	$0.0^2 3467$	$0.0^2 3364$	$0.0^2 3264$	$0.0^2 3167$	$0.0^2 3072$	$0.0^2 2980$	$0.0^2 2890$	$0.0^2 2803$	$0.0^2 2718$	$0.0^2 2635$	-2.7
-2.8	$0.0^2 2555$	$0.0^2 2477$	$0.0^2 2401$	$0.0^2 2327$	$0.0^2 2256$	$0.0^2 2186$	$0.0^2 2118$	$0.0^2 2052$	$0.0^2 1988$	$0.0^2 1926$	-2.8
-2.9	$0.0^2 1866$	$0.0^2 1807$	$0.0^2 1750$	$0.0^2 1695$	$0.0^2 1641$	$0.0^2 1589$	$0.0^2 1538$	$0.0^2 1489$	$0.0^2 1441$	$0.0^2 1395$	-2.9
-3.0	$0.0^2 1350$	$0.0^2 1306$	$0.0^2 1264$	$0.0^2 1223$	$0.0^2 1183$	$0.0^2 1144$	$0.0^2 1107$	$0.0^2 1070$	$0.0^2 1035$	$0.0^2 1001$	-3.0
-3.1	$0.0^3 9676$	$0.0^3 9354$	$0.0^3 9043$	$0.0^3 8740$	$0.0^3 8447$	$0.0^3 8164$	$0.0^3 7888$	$0.0^3 7622$	$0.0^3 7364$	$0.0^3 7114$	-3.1
-3.2	$0.0^3 6871$	$0.0^3 6637$	$0.0^3 6410$	$0.0^3 6190$	$0.0^3 5976$	$0.0^3 5770$	$0.0^3 5571$	$0.0^3 5377$	$0.0^3 5190$	$0.0^3 5009$	-3.2
-3.3	$0.0^3 4834$	$0.0^3 4665$	$0.0^3 4501$	$0.0^3 4342$	$0.0^3 4189$	$0.0^3 4041$	$0.0^3 3897$	$0.0^3 3758$	$0.0^3 3624$	$0.0^3 3495$	-3.3
-3.4	$0.0^3 3369$	$0.0^3 3248$	$0.0^3 3131$	$0.0^3 3018$	$0.0^3 2909$	$0.0^3 2803$	$0.0^3 2701$	$0.0^3 2602$	$0.0^3 2507$	$0.0^3 2415$	-3.4
-3.5	$0.0^3 2326$	$0.0^3 2241$	$0.0^3 2158$	$0.0^3 2078$	$0.0^3 2001$	$0.0^3 1926$	$0.0^3 1854$	$0.0^3 1785$	$0.0^3 1718$	$0.0^3 1653$	-3.5
-3.6	$0.0^3 1591$	$0.0^3 1531$	$0.0^3 1473$	$0.0^3 1417$	$0.0^3 1363$	$0.0^3 1311$	$0.0^3 1261$	$0.0^3 1213$	$0.0^3 1166$	$0.0^3 1121$	-3.6
-3.7	$0.0^3 1078$	$0.0^3 1036$	$0.0^4 9961$	$0.0^4 9574$	$0.0^4 9201$	$0.0^4 8842$	$0.0^4 8496$	$0.0^4 8162$	$0.0^4 7841$	$0.0^4 7532$	-3.7
-3.8	$0.0^4 7235$	$0.0^4 6948$	$0.0^4 6673$	$0.0^4 6407$	$0.0^4 6152$	$0.0^4 5906$	$0.0^4 5669$	$0.0^4 5442$	$0.0^4 5223$	$0.0^4 5012$	-3.8
-3.9	$0.0^4 4810$	$0.0^4 4615$	$0.0^4 4427$	$0.0^4 4247$	$0.0^4 4074$	$0.0^4 3908$	$0.0^4 3747$	$0.0^4 3594$	$0.0^4 3446$	$0.0^4 3304$	-3.9
-4.0	$0.0^4 3167$	$0.0^4 3036$	$0.0^4 2910$	$0.0^4 2789$	$0.0^4 2673$	$0.0^4 2561$	$0.0^4 2454$	$0.0^4 2351$	$0.0^4 2252$	$0.0^4 2157$	-4.0
-4.1	$0.0^4 2066$	$0.0^4 1978$	$0.0^4 1894$	$0.0^4 1814$	$0.0^4 1737$	$0.0^4 1662$	$0.0^4 1591$	$0.0^4 1523$	$0.0^4 1458$	$0.0^4 1395$	-4.1
-4.2	$0.0^4 1335$	$0.0^4 1277$	$0.0^4 1222$	$0.0^4 1168$	$0.0^4 1118$	$0.0^4 1069$	$0.0^4 1022$	$0.0^5 9774$	$0.0^5 9345$	$0.0^5 8934$	-4.2
-4.3	$0.0^5 8540$	$0.0^5 8163$	$0.0^5 7801$	$0.0^5 7455$	$0.0^5 7124$	$0.0^5 6807$	$0.0^5 6503$	$0.0^5 6212$	$0.0^5 5934$	$0.0^5 5668$	-4.3
-4.4	$0.0^5 5413$	$0.0^5 5169$	$0.0^5 4935$	$0.0^5 4712$	$0.0^5 4498$	$0.0^5 4294$	$0.0^5 4098$	$0.0^5 3911$	$0.0^5 3732$	$0.0^5 3561$	-4.4
-4.5	$0.0^5 3398$	$0.0^5 3241$	$0.0^5 3092$	$0.0^5 2949$	$0.0^5 2813$	$0.0^5 2682$	$0.0^5 2558$	$0.0^5 2439$	$0.0^5 2325$	$0.0^5 2216$	-4.5
-4.6	$0.0^5 2112$	$0.0^5 2013$	$0.0^5 1919$	$0.0^5 1828$	$0.0^5 1742$	$0.0^5 1660$	$0.0^5 1581$	$0.0^5 1506$	$0.0^5 1434$	$0.0^5 1366$	-4.6
-4.7	$0.0^5 1301$	$0.0^5 1239$	$0.0^5 1179$	$0.0^5 1123$	$0.0^5 1059$	$0.0^5 1017$	$0.0^6 9630$	$0.0^6 9211$	$0.0^6 8765$	$0.0^6 8339$	-4.7
-4.8	$0.0^6 7933$	$0.0^6 7547$	$0.0^6 7178$	$0.0^6 6827$	$0.0^6 6492$	$0.0^6 6173$	$0.0^6 5869$	$0.0^6 5580$	$0.0^6 5304$	$0.0^6 5042$	-4.8
-4.9	$0.0^6 4792$	$0.0^6 4554$	$0.0^6 4327$	$0.0^6 4111$	$0.0^6 3906$	$0.0^6 3711$	$0.0^6 3525$	$0.0^6 3348$	$0.0^6 3179$	$0.0^6 3019$	-4.9
0.0	0.5000	0.5040	0.5080	0.5120	0.5160	0.5199	0.5239	0.5279	0.5319	0.5359	0.0
0.1	0.5398	0.5438	0.5478	0.5517	0.5557	0.5596	0.5636	0.5675	0.5714	0.5753	0.1
0.2	0.5793	0.5832	0.5871	0.5910	0.5948	0.5987	0.6026	0.6064	0.6103	0.6141	0.2
0.3	0.6179	0.6217	0.6255	0.6293	0.6331	0.6368	0.6406	0.6443	0.6480	0.6517	0.3

续表

u	0.00	0.01	0.02	0.03	0.04	0.05	0.06	0.07	0.08	0.09	u
0.4	0.6554	0.6591	0.6628	0.6664	0.6700	0.6736	0.6772	0.6808	0.6844	0.6879	0.4
0.5	0.6915	0.6950	0.6985	0.7019	0.7054	0.7088	0.7123	0.7157	0.7190	0.7224	0.5
0.6	0.7257	0.7291	0.7324	0.7357	0.7389	0.7422	0.7454	0.7486	0.7517	0.7549	0.6
0.7	0.7580	0.7611	0.7642	0.7673	0.7703	0.7734	0.7764	0.7794	0.7823	0.7852	0.7
0.8	0.7881	0.7910	0.7939	0.7967	0.7995	0.8023	0.8051	0.8078	0.8106	0.8133	0.8
0.9	0.8159	0.8186	0.8212	0.8238	0.8264	0.8289	0.8315	0.8340	0.8365	0.8389	0.9
1.0	0.8413	0.8438	0.8461	0.8485	0.8508	0.8651	0.8554	0.8577	0.8599	0.8621	1.0
1.1	0.8643	0.8665	0.8686	0.8708	0.8729	0.8749	0.8770	0.8790	0.8810	0.8830	1.1
1.2	0.8849	0.8869	0.8888	0.8907	0.8925	0.8944	0.8962	0.8980	0.8997	0.90147	1.2
1.3	0.90320	0.90490	0.90658	0.90824	0.90988	0.91149	0.91309	0.91466	0.91621	0.91774	1.3
1.4	0.91924	0.92073	0.92220	0.92364	0.92507	0.92647	0.92785	0.92922	0.93055	0.93189	1.4
1.5	0.93319	0.93448	0.93574	0.93699	0.93822	0.93943	0.94062	0.94179	0.94295	0.94408	1.5
1.6	0.94520	0.94630	0.94738	0.94845	0.94950	0.95053	0.95154	0.95254	0.95352	0.95449	1.6
1.7	0.95543	0.95637	0.95728	0.95818	0.95907	0.95994	0.96080	0.96164	0.96246	0.96327	1.7
1.8	0.96407	0.96485	0.96562	0.96638	0.96712	0.96784	0.96856	0.96926	0.96995	0.97062	1.8
1.9	0.97128	0.97193	0.97257	0.97320	0.97381	0.97441	0.97500	0.97558	0.97615	0.97670	1.9
2.0	0.97725	0.97778	0.97831	0.97882	0.97932	0.97982	0.98030	0.98077	0.98124	0.98169	2.0
2.1	0.98214	0.98257	0.98300	0.98341	0.98382	0.98422	0.98461	0.98500	0.98537	0.98574	2.1
2.2	0.98610	0.98645	0.98679	0.98713	0.98745	0.98778	0.98809	0.98840	0.98870	0.98899	2.2
2.3	0.98928	0.98956	0.98983	$0.9^2 0097$	$0.9^2 0358$	$0.9^2 0613$	$0.9^2 0863$	$0.9^2 1106$	$0.9^2 1344$	$0.9^2 1576$	2.3
2.4	$0.9^2 1802$	$0.9^2 2024$	$0.9^2 2240$	$0.9^2 2451$	$0.9^2 2656$	$0.9^2 2857$	$0.9^2 3053$	$0.9^2 3244$	$0.9^2 3431$	$0.9^2 3613$	2.4
2.5	$0.9^2 3790$	$0.9^2 3963$	$0.9^2 4132$	$0.9^2 4297$	$0.9^2 4457$	$0.9^2 4614$	$0.9^2 4766$	$0.9^2 4915$	$0.9^2 5060$	$0.9^2 5201$	2.5
2.6	$0.9^2 5339$	$0.9^2 5473$	$0.9^2 5604$	$0.9^2 5731$	$0.9^2 5855$	$0.9^2 5975$	$0.9^2 6093$	$0.9^2 6207$	$0.9^2 6319$	$0.9^2 6427$	2.6
2.7	$0.9^2 6533$	$0.9^2 6636$	$0.9^2 6736$	$0.9^2 6833$	$0.9^2 6928$	$0.9^2 7020$	$0.9^2 7110$	$0.9^2 7197$	$0.9^2 7282$	$0.9^2 7365$	2.7
2.8	$0.9^2 7445$	$0.9^2 7523$	$0.9^2 7599$	$0.9^2 7673$	$0.9^2 7744$	$0.9^2 7814$	$0.9^2 7882$	$0.9^2 7948$	$0.9^2 8012$	$0.9^2 8074$	2.8
2.9	$0.9^2 8134$	$0.9^2 8193$	$0.9^2 8250$	$0.9^2 8305$	$0.9^2 8859$	$0.9^2 8411$	$0.9^2 8462$	$0.9^2 8511$	$0.9^2 8559$	$0.9^2 8605$	2.9
3.0	$0.9^2 8650$	$0.9^2 8694$	$0.9^2 8736$	$0.9^2 8777$	$0.9^2 8817$	$0.9^2 8856$	$0.9^2 8893$	$0.9^2 8930$	$0.9^2 8965$	$0.9^2 8999$	3.0
3.1	$0.9^3 0324$	$0.9^3 0646$	$0.9^3 0957$	$0.9^3 1260$	$0.9^3 1553$	$0.9^3 1836$	$0.9^3 2112$	$0.9^3 2378$	$0.9^3 2636$	$0.9^3 2886$	3.1
3.2	$0.9^3 3129$	$0.9^3 3363$	$0.9^3 3590$	$0.9^3 3810$	$0.9^3 4024$	$0.9^3 4230$	$0.9^3 4429$	$0.9^3 4623$	$0.9^3 4810$	$0.9^3 4991$	3.2
3.3	$0.9^3 5166$	$0.9^3 5335$	$0.9^3 5499$	$0.9^3 5658$	$0.9^3 5811$	$0.9^3 5959$	$0.9^3 6103$	$0.9^3 6242$	$0.9^3 6376$	$0.9^3 6505$	3.3

续表

u	0.00	0.01	0.02	0.03	0.04	0.05	0.06	0.07	0.08	0.09	u
3.4	$0.9^3 6631$	$0.9^3 6752$	$0.9^3 6869$	$0.9^3 6982$	$0.9^3 7091$	$0.9^3 7197$	$0.9^3 7299$	$0.9^3 7398$	$0.9^3 7493$	$0.9^3 7585$	3.4
3.5	$0.9^3 7674$	$0.9^3 7759$	$0.9^3 7842$	$0.9^3 7922$	$0.9^3 7999$	$0.9^3 8074$	$0.9^3 8146$	$0.9^3 8215$	$0.9^3 8282$	$0.9^3 8347$	3.5
3.6	$0.9^3 8409$	$0.9^3 8469$	$0.9^3 8527$	$0.9^3 8583$	$0.9^3 8637$	$0.9^3 8689$	$0.9^3 8739$	$0.9^3 8787$	$0.9^3 8834$	$0.9^3 8879$	3.6
3.7	$0.9^3 8922$	$0.9^3 8964$	$0.9^4 0039$	$0.9^4 0426$	$0.9^4 0799$	$0.9^4 1158$	$0.9^4 1504$	$0.9^4 1838$	$0.9^4 2159$	$0.9^4 5468$	3.7
3.8	$0.9^4 2765$	$0.9^4 3052$	$0.9^4 3327$	$0.9^4 3593$	$0.9^4 3848$	$0.9^4 4094$	$0.9^4 4331$	$0.9^4 4558$	$0.9^4 4777$	$0.9^4 4983$	3.8
3.9	$0.9^4 5190$	$0.9^4 5385$	$0.9^4 5573$	$0.9^4 5753$	$0.9^4 5926$	$0.9^4 6092$	$0.9^4 6253$	$0.9^4 6406$	$0.9^4 6554$	$0.9^4 6696$	3.9
4.0	$0.9^4 6833$	$0.9^4 6964$	$0.9^4 7090$	$0.9^4 7211$	$0.9^4 7327$	$0.9^4 7439$	$0.9^4 7546$	$0.9^4 7649$	$0.9^4 7748$	$0.9^4 7843$	4.0
4.1	$0.9^4 7934$	$0.9^4 8022$	$0.9^4 8106$	$0.9^4 8186$	$0.9^4 8263$	$0.9^4 8338$	$0.9^4 8409$	$0.9^4 8477$	$0.9^4 8542$	$0.9^4 8605$	4.1
4.2	$0.9^4 8665$	$0.9^4 8723$	$0.9^4 8778$	$0.9^4 8832$	$0.9^4 8882$	$0.9^4 8931$	$0.9^4 8978$	$0.9^5 0226$	$0.9^5 0655$	$0.9^5 1066$	4.2
4.3	$0.9^5 1460$	$0.9^5 1837$	$0.9^5 2199$	$0.9^5 2545$	$0.9^5 2876$	$0.9^5 3193$	$0.9^5 3497$	$0.9^5 3788$	$0.9^5 4066$	$0.9^5 4332$	4.3
4.4	$0.9^5 4587$	$0.9^5 4831$	$0.9^5 5065$	$0.9^5 5288$	$0.9^5 5502$	$0.9^5 5706$	$0.9^5 5902$	$0.9^5 6089$	$0.9^5 6268$	$0.9^5 6439$	4.4
4.5	$0.9^5 6602$	$0.9^5 6759$	$0.9^5 6908$	$0.9^5 7051$	$0.9^5 7187$	$0.9^5 7318$	$0.9^5 7442$	$0.9^5 7561$	$0.9^5 7675$	$0.9^5 7784$	4.5
4.6	$0.9^5 7888$	$0.9^5 7987$	$0.9^5 8081$	$0.9^5 8172$	$0.9^5 8258$	$0.9^5 8340$	$0.9^5 8419$	$0.9^5 8494$	$0.9^5 8566$	$0.9^5 8634$	4.6
4.7	$0.9^5 8699$	$0.9^5 8761$	$0.9^5 8821$	$0.9^5 8877$	$0.9^5 8931$	$0.9^5 8983$	$0.9^6 0320$	$0.9^6 0789$	$0.9^6 1235$	$0.9^6 1661$	4.7
4.8	$0.9^6 2067$	$0.9^6 2453$	$0.9^6 2822$	$0.9^6 3173$	$0.9^6 3508$	$0.9^6 3827$	$0.9^6 4131$	$0.9^6 4420$	$0.9^6 4696$	$0.9^6 4958$	4.8
4.9	$0.9^6 5208$	$0.9^6 5446$	$0.9^6 5673$	$0.9^6 5889$	$0.9^6 6094$	$0.9^6 6289$	$0.9^6 6475$	$0.9^6 6652$	$0.9^6 6821$	$0.9^6 6981$	4.9

附表 2　正态分布的双侧分位数（u_α）表

α	α									
	0.01	0.02	0.03	0.04	0.05	0.06	0.07	0.08	0.09	0.10
0.0	2.575829	2.326348	2.170090	2.053749	1.959964	1.880794	1.811911	1.750686	1.695398	1.644854
0.1	1.598193	1.554774	1.514102	1.475791	1.439531	1.405072	1.372204	1.340753	1.310579	1.281552
0.2	1.253565	1.226528	1.200359	1.174987	1.150349	1.126391	1.103063	1.080319	1.058122	1.036433
0.3	1.015222	0.994458	0.974114	0.954365	0.934589	0.915365	0.896473	0.877896	0.859617	0.841621
0.4	0.823894	0.806421	0.789192	0.772193	0.755415	0.738847	0.722479	0.706303	0.690309	0.674490
0.5	0.658838	0.643345	0.628006	0.612813	0.597760	0.582841	0.568051	0.553385	0.538836	0.524401
0.6	0.510073	0.495850	0.481727	0.467699	0.453762	0.439913	0.426148	0.412463	0.398855	0.385320
0.7	0.371856	0.358459	0.345125	0.331853	0.318639	0.305481	0.292375	0.279319	0.266311	0.253347
0.8	0.240426	0.227545	0.214702	0.201983	0.189118	0.176374	0.163658	0.150969	0.138304	0.125661
0.9	0.113039	0.100434	0.087845	0.075270	0.062707	0.050154	0.037608	0.025069	0.012533	0.000000

附表3 t 值表

自由度 df		概 率(P)									
	单侧	0.25	0.20	0.10	0.05	0.025	0.01	0.005	0.0025	0.001	0.0005
	双侧	0.50	0.40	0.20	0.10	0.05	0.02	0.01	0.005	0.002	0.001
1		1.000	1.376	3.078	6.314	12.706	31.821	63.657	127.321	318.309	636.619
2		0.816	1.061	1.886	2.920	4.303	6.965	9.925	14.089	22.309	31.599
3		0.765	0.978	1.638	2.353	3.182	4.541	5.841	7.453	10.215	12.924
4		0.741	0.941	1.533	2.132	2.776	3.747	4.604	5.598	7.173	8.610
5		0.727	0.920	1.476	2.015	2.571	3.365	4.032	4.773	5.893	6.869
6		0.718	0.906	1.440	1.943	2.447	3.143	3.707	4.317	5.208	5.959
7		0.711	0.896	1.415	1.895	2.365	2.998	3.499	4.029	4.785	5.408
8		0.706	0.889	1.397	1.860	2.306	2.896	3.355	3.833	4.501	5.041
9		0.703	0.883	1.383	1.833	2.262	2.821	3.250	3.690	4.297	4.781
10		0.700	0.879	1.372	1.812	2.228	2.764	3.169	3.581	4.144	4.587
11		0.697	0.876	1.363	1.796	2.201	2.718	3.106	3.497	4.025	4.437
12		0.695	0.873	1.356	1.782	2.179	2.681	3.055	3.428	3.930	4.318
13		0.694	0.870	1.350	1.771	2.160	2.650	3.012	3.372	3.852	4.221
14		0.692	0.868	1.345	1.761	2.145	2.624	2.977	3.326	3.787	4.140
15		0.691	0.866	1.341	1.753	2.131	2.602	2.947	3.286	3.733	4.073
16		0.690	0.865	1.337	1.746	2.120	2.583	2.921	3.252	3.686	4.015
17		0.689	0.863	1.333	1.740	2.110	2.567	2.898	3.222	3.646	3.965
18		0.688	0.862	1.330	1.734	2.101	2.552	2.878	3.197	3.610	3.922
19		0.688	0.861	1.328	1.729	2.093	2.539	2.861	3.174	3.579	3.883
20		0.687	0.860	1.325	1.725	2.086	2.528	2.845	3.153	3.552	3.850
21		0.686	0.859	1.323	1.721	2.080	2.518	2.831	3.135	3.527	3.819
22		0.686	0.858	1.321	1.717	2.074	2.508	2.819	3.119	3.505	3.792
23		0.685	0.858	1.319	1.714	2.069	2.500	2.807	3.104	3.485	3.768
24		0.685	0.857	1.318	1.711	2.064	2.492	2.797	3.091	3.467	3.745
25		0.684	0.856	1.316	1.708	2.060	2.485	2.787	3.078	3.450	3.725
26		0.684	0.856	1.315	1.706	2.056	2.479	2.779	3.067	3.435	3.707
27		0.684	0.855	1.314	1.703	2.052	2.473	2.771	3.057	3.421	3.690
28		0.683	0.855	1.313	1.701	2.048	2.467	2.763	3.047	3.408	3.674
29		0.683	0.854	1.311	1.699	2.045	2.462	2.756	3.038	3.396	3.659
30		0.683	0.854	1.310	1.697	2.042	2.457	2.750	3.030	3.385	3.646

续表

自由度 df		概　率(*P*)									
	单侧	0.25	0.20	0.10	0.05	0.025	0.01	0.005	0.0025	0.001	0.0005
	双侧	0.50	0.40	0.20	0.10	0.05	0.02	0.01	0.005	0.002	0.001
31		0.682	0.853	1.309	1.696	2.040	2.453	2.744	3.022	3.375	3.633
32		0.682	0.853	1.309	1.694	2.037	2.449	2.738	3.015	3.365	3.622
33		0.682	0.853	1.308	1.692	2.035	2.445	2.733	3.008	3.356	3.611
34		0.682	0.852	1.307	1.691	2.032	2.441	2.728	3.002	3.348	3.601
35		0.682	0.852	1.306	1.690	2.313	2.438	2.724	2.996	3.340	3.591
36		0.681	0.852	1.306	1.688	2.028	2.434	2.719	2.990	3.333	3.582
37		0.681	0.851	1.305	1.687	2.026	2.431	2.715	2.985	3.326	3.574
38		0.681	0.851	1.304	1.686	2.024	2.429	2.712	2.980	3.319	3.566
39		0.681	0.851	1.304	1.685	2.023	2.426	2.708	2.976	3.313	3.558
40		0.681	0.851	1.303	1.684	2.021	2.423	2.704	2.971	3.307	3.551
50		0.679	0.849	1.299	1.676	2.009	2.403	2.678	2.937	3.261	3.496
60		0.679	0.848	1.296	1.671	2.000	2.390	2.660	2.915	3.232	3.460
70		0.678	0.847	1.294	1.667	1.994	2.381	2.648	2.899	3.211	3.435
80		0.678	0.846	1.292	1.664	1.990	2.374	2.639	2.887	3.195	3.416
90		0.677	0.846	1.291	1.662	1.987	2.368	2.632	2.878	3.183	3.402
100		0.677	0.845	1.290	1.660	1.984	2.364	2.626	2.871	3.174	3.390
200		0.676	0.843	1.286	1.653	1.972	2.345	2.601	2.839	3.131	3.340
500		0.675	0.842	1.283	1.648	1.965	2.334	2.586	2.820	3.107	3.310
1000		0.675	0.842	1.282	1.646	1.962	2.330	2.581	2.813	3.098	3.300
∞		0.6745	0.8416	1.2816	1.6449	1.9600	2.3263	2.5758	2.8070	3.0902	3.2905

附表4　*F*值表(方差分析用)

方差分析用(单尾),上行概率0.05,下行概率0.01

分母的 自由度 df_2	分子的自由度 df_1											
	1	2	3	4	5	6	7	8	9	10	11	12
1	161	200	216	225	230	234	237	239	241	242	243	224
	4052	4999	5403	5625	5764	5859	5928	5981	6022	6056	6082	5106
2	18.51	19.00	19.16	19.25	19.30	19.33	19.36	19.37	19.38	19.39	19.40	19.41
	98.49	99.00	99.17	99.25	99.30	99.33	99.34	99.36	99.38	99.40	99.41	99.42
3	10.13	9.55	9.28	9.12	9.01	8.94	8.88	8.84	8.81	8.78	8.76	8.74
	34.12	30.82	29.46	28.71	28.24	27.91	27.67	27.49	27.34	27.23	27.13	27.05
4	7.71	6.94	6.59	6.39	6.26	6.16	6.09	6.04	6.00	5.96	5.93	5.91

续表

分母的自由度 df_2	分子的自由度 df_1											
	1	2	3	4	5	6	7	8	9	10	11	12
5	21.20	18.00	16.69	15.98	15.52	15.21	14.98	14.80	14.66	14.54	14.45	14.37
	6.61	5.79	5.41	5.19	5.05	4.95	4.88	4.82	4.78	4.74	4.70	4.68
6	16.26	13.27	12.06	11.39	10.97	10.67	10.45	10.27	10.15	10.05	9.96	9.89
	5.99	5.14	4.76	4.53	4.39	4.28	4.21	4.15	4.10	4.06	4.03	4.00
7	13.74	10.92	9.78	9.15	8.75	8.47	8.26	8.10	7.98	7.87	7.79	7.72
	5.59	4.74	4.35	4.12	3.97	3.87	3.79	3.73	3.68	3.63	3.60	3.57
8	12.25	9.55	8.45	7.85	7.46	7.19	7.00	6.84	6.71	6.62	6.54	6.47
	5.32	4.46	4.07	3.84	3.69	3.58	3.50	3.44	3.39	3.34	3.31	3.28
9	11.26	8.65	7.59	7.01	6.63	6.37	6.19	6.03	5.91	5.82	5.74	5.67
	5.12	4.26	3.86	3.63	3.48	3.37	3.29	3.23	3.18	3.13	3.10	3.07
10	10.56	8.02	6.99	6.42	6.06	5.80	5.62	5.47	5.35	5.26	5.18	5.11
	4.96	4.10	3.71	3.48	3.33	3.22	3.14	3.07	3.02	2.97	2.94	2.91
11	10.04	7.56	6.55	5.99	5.64	5.39	5.21	5.06	4.95	4.85	4.78	4.71
	4.84	3.98	3.59	3.36	3.20	3.09	3.01	2.95	2.90	2.86	2.82	2.76
12	9.65	7.20	6.22	5.67	5.32	5.07	4.88	4.74	4.63	4.54	4.46	4.40
	4.75	3.88	3.49	3.26	3.11	3.00	2.92	2.85	2.80	2.76	2.72	2.69
13	9.33	6.93	5.95	5.41	5.06	4.82	4.65	4.50	4.39	4.30	4.22	4.16
	4.67	3.80	3.41	3.18	3.02	2.92	2.84	2.77	2.72	2.67	2.63	2.60
14	9.07	6.70	5.74	5.20	4.86	4.62	4.44	4.30	4.19	4.10	4.02	3.96
	4.60	3.74	3.34	3.11	2.96	2.85	2.77	2.70	2.65	2.60	2.56	2.53
15	8.86	6.51	5.56	5.03	4.69	4.46	4.28	4.14	4.03	3.94	3.86	3.80
	4.54	3.68	3.29	3.06	2.90	2.79	2.70	2.64	2.59	2.55	2.51	2.48
16	8.68	6.36	5.42	4.89	4.56	4.32	4.14	4.00	3.89	3.80	3.73	3.67
	4.49	3.63	3.24	3.01	2.85	2.74	2.66	2.59	2.54	2.49	2.45	2.42
17	8.53	6.23	5.29	4.77	4.44	4.20	4.03	3.89	3.78	3.69	3.61	3.55
	4.45	3.59	3.20	2.96	2.81	2.70	2.62	2.55	2.50	2.45	2.41	2.38
18	8.40	6.11	5.18	4.67	4.34	4.10	3.93	3.79	3.68	3.59	3.52	3.45
	4.41	3.55	3.16	2.93	2.77	2.66	2.58	2.51	2.46	2.41	2.37	2.34
19	8.28	6.01	5.09	4.58	4.25	4.01	3.85	3.71	3.60	3.51	3.44	3.37
	4.38	3.52	3.13	2.90	2.74	2.63	2.55	2.48	2.43	2.38	2.34	2.31
20	8.18	5.93	5.01	4.50	4.17	3.94	3.77	3.63	3.52	3.43	3.36	3.30
	4.35	3.49	3.10	2.87	2.71	2.60	2.52	2.45	2.40	2.35	2.31	2.28
21	8.10	5.85	4.94	4.43	4.10	3.87	3.71	3.56	3.45	3.37	3.30	3.23
	4.32	3.47	3.07	2.84	2.68	2.57	2.49	2.42	2.37	2.32	2.28	2.25
	8.02	5.78	4.87	4.37	4.04	3.81	3.65	3.51	3.40	3.31	3.24	3.17

分母的自由度 df_2	分子的自由度 df_1											
	1	2	3	4	5	6	7	8	9	10	11	12
22	4.30	3.44	3.05	2.82	2.66	2.55	2.47	2.40	2.35	2.30	2.26	2.23
	7.94	5.72	4.82	4.31	3.99	3.76	3.59	3.45	3.35	3.26	3.18	3.12
23	4.28	3.42	3.03	2.80	2.64	2.53	2.45	2.38	2.32	2.28	2.24	3.20
	7.88	5.66	4.76	4.26	3.94	3.71	3.54	3.41	3.30	3.21	3.14	3.07
24	4.26	3.40	3.01	2.78	2.62	2.51	2.43	2.36	2.30	2.26	2.22	2.18
	7.82	5.61	4.72	4.22	3.90	3.67	3.50	3.36	3.25	3.17	3.09	3.03
25	4.24	3.38	2.99	2.76	2.60	2.49	2.41	2.34	2.28	2.24	2.20	2.16
	7.77	5.57	4.68	4.18	3.86	3.63	3.46	3.32	3.21	3.13	3.05	2.99
26	4.22	3.37	2.98	2.74	2.59	2.47	2.39	2.32	2.27	2.22	2.18	2.15
	7.72	5.53	4.64	4.14	3.82	3.59	3.42	3.29	3.17	3.09	3.02	2.96
27	4.21	3.35	2.96	2.73	2.57	2.46	2.37	2.30	2.25	2.20	2.16	2.13
	7.68	5.49	4.60	4.11	3.79	3.56	3.39	3.26	3.14	3.06	2.98	2.93
28	4.20	3.34	2.95	2.71	2.56	2.44	2.36	2.29	2.24	2.19	2.15	2.12
	7.64	5.45	4.57	4.07	3.76	3.53	3.36	3.23	3.11	3.03	2.95	2.90
29	4.18	3.33	2.93	2.70	2.54	2.43	2.35	2.28	2.22	2.18	2.14	2.10
	7.60	5.42	4.54	4.04	3.73	3.50	3.33	3.20	3.08	3.00	2.92	2.87
30	4.17	3.32	2.92	2.69	2.53	2.42	2.34	2.27	2.21	2.16	2.12	2.09
	7.56	5.39	4.51	4.02	3.70	3.47	3.30	3.17	3.06	2.98	2.90	2.84
32	4.15	3.30	2.90	2.67	2.51	2.40	2.32	2.25	2.19	2.14	2.10	2.07
	7.50	5.34	4.46	3.97	3.66	3.42	3.25	3.12	3.01	2.94	2.86	2.80
34	4.13	3.28	2.88	2.65	2.49	2.38	2.30	2.23	2.17	2.12	2.08	2.05
	7.44	5.29	4.42	3.93	3.61	3.38	3.21	3.08	2.97	2.89	2.82	2.76
36	4.11	3.25	2.86	2.63	2.48	2.36	2.28	2.21	2.15	2.10	2.06	2.03
	7.39	5.25	4.38	3.89	3.58	3.35	3.18	3.04	2.94	2.86	2.78	2.72
38	4.10	3.25	2.85	2.62	2.46	2.35	2.26	2.19	2.14	2.09	2.05	2.02
	7.35	5.21	4.34	3.86	3.54	3.32	3.15	3.02	2.91	2.82	2.75	2.69
40	4.08	3.23	2.84	2.61	2.45	2.34	2.25	2.18	2.12	2.07	2.04	2.00
	7.31	5.18	4.31	3.83	3.51	3.29	3.12	2.99	2.88	2.80	2.73	2.66
42	4.07	3.22	2.83	2.59	2.44	2.32	2.24	2.17	2.11	2.06	2.02	1.99
	7.27	5.15	4.29	3.80	3.49	3.26	3.10	2.96	2.86	2.77	2.70	2.64
44	4.06	3.21	2.82	2.58	2.43	2.31	2.23	2.16	2.10	2.05	2.01	1.98
	7.24	5.12	4.26	3.78	3.46	3.24	3.07	2.94	2.84	2.75	2.68	2.62
46	4.05	3.20	2.81	2.57	2.42	2.30	2.22	2.14	2.09	2.04	2.00	1.97
	7.21	5.10	4.24	3.76	3.44	3.22	3.05	2.92	2.82	2.73	2.66	2.60
48	4.04	3.19	2.80	2.56	2.41	2.30	2.21	2.14	2.08	2.03	1.99	1.96

续表

分母的自由度 df_2	分子的自由度 df_1											
	1	2	3	4	5	6	7	8	9	10	11	12
50	7.19	5.08	4.22	3.74	3.42	3.20	3.04	2.90	2.80	2.71	2.64	2.58
	4.03	3.18	2.79	2.56	2.40	2.29	2.20	2.13	2.07	2.02	1.98	1.95
60	7.17	5.06	4.20	3.72	3.41	3.18	3.02	2.88	2.78	2.70	2.62	2.56
	4.00	3.15	2.76	2.52	2.37	2.25	2.17	2.10	2.04	1.99	1.95	1.92
70	7.08	4.98	4.13	3.65	3.34	3.12	2.95	2.82	2.72	2.63	2.56	2.50
	3.98	3.13	2.74	2.50	2.35	2.23	2.14	2.07	2.01	1.97	1.93	1.89
80	7.01	4.92	4.08	3.60	3.29	3.07	2.91	2.77	2.67	2.59	2.51	2.45
	3.96	3.11	2.72	2.48	2.33	2.21	2.12	2.05	1.99	1.95	1.91	1.88
100	6.96	4.88	4.04	3.56	3.25	3.04	2.87	2.74	2.64	2.55	2.48	2.41
	3.94	3.09	2.70	2.46	2.30	2.19	2.10	2.03	1.97	1.92	1.88	1.85
125	6.90	4.82	3.98	3.51	3.20	2.99	2.82	2.69	2.59	2.51	2.43	2.36
	3.92	3.07	2.68	2.44	2.29	2.17	2.08	2.01	1.95	1.90	1.86	1.83
150	6.84	4.78	3.94	3.47	3.17	2.95	2.79	2.65	2.56	2.47	2.40	2.33
	3.91	3.06	2.67	2.43	2.27	2.16	2.07	2.00	1.94	1.89	1.85	1.82
200	6.81	4.75	3.91	3.44	3.14	2.92	2.76	2.62	2.53	2.44	2.37	2.30
	3.89	3.04	2.65	2.41	2.26	2.14	2.05	1.98	1.92	1.87	1.83	1.80
400	6.76	4.71	3.88	3.41	3.11	2.90	2.73	2.60	2.50	2.41	2.34	2.28
	3.86	3.02	2.62	2.39	2.23	2.12	2.03	1.96	1.90	1.85	1.81	1.78
1000	6.70	4.66	3.83	3.36	3.06	2.85	2.69	2.55	2.46	2.37	2.29	2.23
	3.85	3.00	2.61	2.38	2.22	2.10	2.02	1.95	1.89	1.84	1.80	1.76
∞	6.66	4.62	3.80	3.34	3.04	2.82	2.66	2.53	2.43	2.34	2.26	2.20
	3.84	2.99	2.60	2.37	2.21	2.09	2.01	1.94	1.88	1.83	1.79	1.75
	6.64	4.60	3.78	3.32	3.02	2.80	2.64	2.51	2.41	2.32	2.24	2.18

续表

分母的自由度 df_2	分子的自由度 df_1											
	14	16	20	24	30	40	50	75	100	200	500	∞
1	245	246	248	249	250	251	252	253	253	254	254	254
	6142	6169	6208	6234	6258	6286	6302	6323	6334	6352	6361	6366
2	19.42	19.43	19.44	19.45	19.46	19.47	19.47	19.48	19.49	19.49	19.50	19.50
	99.43	99.44	99.45	99.46	99.47	99.48	99.48	99.49	99.49	99.49	99.50	99.50
3	8.71	8.69	8.66	8.64	8.62	8.60	8.58	8.57	8.56	8.54	8.54	8.53
	26.92	26.83	26.69	26.60	26.50	26.41	26.35	26.27	26.23	26.18	26.14	26.12
4	5.87	5.84	5.80	5.77	5.74	5.71	5.70	5.68	5.66	5.65	5.64	5.63
	14.24	14.15	14.02	13.93	13.83	13.74	13.69	13.61	13.57	13.52	13.48	13.46

分母的自由度 df_2	分子的自由度 df_1											
	14	16	20	24	30	40	50	75	100	200	500	∞
5	4.64	4.60	4.56	4.36	4.50	4.46	4.44	4.42	4.40	4.38	4.37	4.36
	9.77	9.68	9.55	9.47	9.38	9.29	9.24	9.17	9.13	9.07	9.04	9.02
6	3.96	3.92	3.87	3.84	3.81	3.77	3.75	3.72	3.71	3.69	3.68	3.67
	7.60	7.52	7.39	7.31	7.23	7.14	7.09	7.02	6.99	6.94	6.90	6.88
7	3.52	3.49	3.44	3.41	3.38	3.34	3.32	3.29	3.28	3.25	3.24	3.23
	6.35	6.27	6.15	6.07	5.98	5.90	5.85	5.78	5.75	5.70	5.67	5.65
8	3.23	3.20	3.15	3.12	3.08	3.05	3.03	3.00	2.98	2.96	2.94	2.93
	5.56	5.48	5.36	5.28	5.20	5.11	5.06	5.00	4.96	4.91	4.88	4.86
9	3.02	2.98	2.93	2.90	2.86	2.82	2.80	2.77	2.76	2.73	2.72	2.71
	5.00	4.92	4.80	4.73	4.64	4.56	4.51	4.45	4.41	4.36	4.33	4.31
10	2.86	2.82	2.77	2.74	2.70	2.67	2.64	2.61	2.59	2.56	2.55	2.54
	4.60	4.52	4.41	4.33	4.25	4.17	4.12	4.05	4.01	3.96	3.93	3.91
11	2.74	2.70	2.65	2.61	2.57	2.53	2.50	2.47	2.45	2.42	2.41	2.40
	4.29	4.21	4.10	4.02	3.94	3.86	3.80	3.74	3.70	3.66	3.62	3.60
12	2.64	2.60	2.54	2.50	2.46	2.42	2.40	2.36	2.35	2.32	2.31	2.30
	4.05	3.98	3.86	3.78	3.70	3.61	3.56	3.49	3.46	3.41	3.38	3.36
13	2.55	2.51	2.46	2.42	2.38	2.34	2.32	2.28	2.26	2.24	2.22	2.21
	3.85	3.78	3.67	3.59	3.51	3.42	3.37	3.30	3.27	3.21	3.18	3.16
14	2.48	2.44	2.39	2.35	2.31	2.27	2.24	2.21	2.19	2.16	2.14	2.13
	3.70	3.62	3.51	3.43	3.34	3.26	3.21	3.14	3.11	3.06	3.02	3.00
15	2.43	2.39	2.33	2.29	2.25	2.21	2.18	2.15	2.12	2.10	2.08	2.07
	2.56	3.48	3.36	3.29	3.20	3.12	3.07	3.00	2.97	2.92	2.89	2.87
16	2.37	2.33	2.28	2.24	2.20	2.16	2.13	2.09	2.07	2.04	2.02	2.01
	3.45	3.37	3.25	3.18	3.10	3.01	2.96	2.89	2.86	2.80	2.77	2.75
17	2.33	2.29	2.23	2.19	2.15	2.11	2.08	2.04	2.02	1.99	1.97	1.96
	3.35	3.27	3.16	3.08	3.00	2.92	2.86	2.79	2.76	2.70	2.67	2.65
18	2.29	2.25	2.19	2.15	2.11	2.07	2.04	2.00	1.98	1.95	1.93	1.92
	3.27	3.19	3.07	3.00	2.91	2.83	2.78	2.71	2.68	2.62	2.59	2.57
19	2.26	2.21	2.15	2.11	2.07	2.02	2.00	1.96	1.94	1.91	1.90	1.88
	3.19	3.12	3.00	2.92	2.84	2.76	2.70	2.63	2.60	2.54	2.51	2.49
20	2.23	2.18	2.12	2.08	2.04	1.99	1.96	1.92	1.90	1.87	1.85	1.84
	3.13	3.05	2.94	2.86	2.77	2.69	2.63	2.56	2.53	2.47	2.44	2.42
21	2.20	2.15	2.09	2.05	2.00	1.96	1.93	1.89	1.87	1.84	1.82	1.81
	3.07	2.99	2.88	2.80	2.72	2.63	2.58	2.51	2.47	2.42	2.38	2.36
22	3.18	2.13	2.07	2.03	1.98	1.93	1.91	1.87	1.84	1.81	1.80	1.78

续表

分母的自由度 df_2	分子的自由度 df_1											
	14	16	20	24	30	40	50	75	100	200	500	∞
23	3.02	2.94	2.83	2.75	2.67	2.58	2.53	2.46	2.42	2.37	2.33	2.31
	2.14	2.10	2.04	2.00	1.96	1.91	1.88	1.84	1.82	1.79	1.77	1.76
24	2.97	2.89	2.78	2.70	2.62	2.53	2.48	2.41	2.37	2.32	2.28	2.26
	2.13	2.09	2.02	1.98	1.94	1.89	1.86	1.82	1.80	1.76	1.74	1.73
25	2.93	2.85	2.74	2.66	2.58	2.49	2.44	2.36	2.33	2.27	2.23	2.21
	2.11	2.06	2.00	1.96	1.92	1.87	1.84	1.80	1.77	1.74	1.72	1.71
26	2.89	2.81	2.70	2.62	2.54	2.45	2.40	2.32	2.29	2.23	2.19	2.17
	2.10	2.05	1.99	1.95	1.90	1.85	1.82	1.78	1.76	1.72	1.70	1.69
27	2.86	2.77	2.66	2.58	2.50	2.41	2.36	2.28	2.25	2.19	2.15	2.13
	2.08	2.03	1.97	1.93	1.88	1.84	1.80	1.76	1.74	1.71	1.68	1.67
28	2.83	2.74	2.63	2.55	2.47	2.38	2.33	2.25	2.21	2.16	2.12	2.10
	2.06	2.02	1.96	1.91	1.87	1.81	1.78	1.75	1.72	1.69	1.67	1.65
29	2.80	2.71	2.60	2.52	2.44	2.35	2.30	2.22	2.18	2.13	2.09	2.06
	2.05	2.00	1.94	1.90	1.85	1.80	1.77	1.73	1.71	1.68	1.65	1.64
30	2.77	2.68	2.57	2.49	2.41	2.32	2.27	2.19	2.15	2.10	2.06	2.03
	2.04	1.99	1.93	1.89	1.84	1.79	1.76	1.72	1.69	1.66	1.64	1.62
32	2.74	2.66	2.55	2.47	2.38	2.29	2.24	2.16	2.13	2.07	2.03	2.01
	2.02	1.97	1.91	1.86	1.82	1.76	1.74	1.69	1.67	1.64	1.61	1.59
34	2.70	2.62	2.51	2.42	2.34	2.25	2.20	2.12	2.08	2.02	1.98	1.96
	2.00	1.95	1.89	1.84	1.80	1.74	1.71	1.67	1.64	1.61	1.59	1.57
36	2.66	2.58	2.47	2.38	2.30	2.21	2.15	2.08	2.04	1.98	1.94	1.91
	1.98	1.93	1.87	1.82	1.78	1.72	1.69	1.65	1.62	1.59	1.56	1.55
38	2.62	2.54	2.43	2.35	2.26	2.17	2.12	2.04	2.00	1.94	1.90	1.87
	1.96	1.92	1.85	1.80	1.76	1.71	1.67	1.63	1.60	1.57	1.54	1.53
40	2.59	2.51	2.40	2.32	2.22	2.14	2.08	2.00	1.97	1.90	1.86	1.84
	1.95	1.90	1.84	1.79	1.74	1.69	1.66	1.61	1.59	1.55	1.53	1.51
42	2.56	2.49	2.37	2.29	2.20	2.11	2.05	1.97	1.94	1.88	1.84	1.81
	1.94	1.89	1.82	1.78	1.73	1.68	1.64	1.60	1.57	1.54	1.51	1.49
44	2.54	2.46	2.35	2.26	2.17	2.08	2.02	1.94	1.91	1.85	1.80	1.78
	1.92	1.88	1.81	1.76	1.72	1.66	1.63	1.58	1.56	1.52	1.50	1.48
46	2.52	2.44	2.32	2.24	2.15	2.06	2.00	1.92	1.88	1.82	1.78	1.75
	1.91	1.87	1.80	1.75	1.71	1.65	1.62	1.57	1.54	1.51	1.48	1.46
48	2.50	2.42	2.30	2.22	2.13	2.04	1.98	1.90	1.86	1.80	1.76	1.72
	1.90	1.86	1.79	1.74	1.70	1.64	1.61	1.56	1.53	1.50	1.47	1.45
	2.48	2.40	2.28	2.20	2.11	2.02	1.96	1.88	1.84	1.78	1.73	1.70

分母的自由度 df_2	分子的自由度 df_1											
	14	16	20	24	30	40	50	75	100	200	500	∞
50	1.90	1.85	1.78	1.74	1.69	1.63	1.60	1.55	1.52	1.48	1.46	1.44
	2.46	2.39	2.26	2.18	2.10	2.00	1.94	1.86	1.82	1.76	1.71	1.68
60	1.86	1.81	1.75	1.70	1.65	1.59	1.56	1.50	1.48	1.44	1.41	1.39
	2.40	2.32	2.20	2.12	2.03	1.93	1.87	1.79	1.74	1.68	1.63	1.60
70	1.84	1.79	1.82	1.67	1.62	1.56	1.53	1.47	1.45	1.40	1.37	1.35
	2.35	2.28	2.15	2.07	1.98	1.88	1.82	1.74	1.69	1.62	1.56	1.53
80	1.82	1.77	1.70	1.65	1.60	1.54	1.51	1.45	1.42	1.38	1.35	1.32
	2.32	2.24	2.11	2.03	1.94	1.81	1.78	1.70	1.65	1.57	1.52	1.49
100	1.79	1.75	1.68	1.63	1.57	1.51	1.48	1.42	1.39	1.34	1.30	1.28
	2.26	2.19	2.06	1.98	1.89	1.79	1.73	1.64	1.59	1.51	1.46	1.43
125	1.77	1.72	1.65	1.60	1.55	1.49	1.45	1.39	1.36	1.31	1.27	1.25
	2.23	2.15	2.03	1.94	1.85	1.75	1.68	1.59	1.54	1.46	1.40	1.37
150	1.76	1.71	1.64	1.59	1.54	1.47	1.44	1.37	1.34	1.29	1.25	1.22
	2.20	2.12	2.00	1.91	1.83	1.72	1.66	1.56	1.51	1.43	1.37	1.33
200	1.74	1.69	1.62	1.57	1.52	1.45	1.42	1.35	1.32	1.26	1.22	1.19
	2.17	2.09	1.97	1.88	1.79	1.69	1.62	1.53	1.48	1.39	1.33	1.28
400	1.72	1.67	1.60	1.54	1.49	1.42	1.38	1.32	1.28	1.22	1.16	1.13
	2.12	2.04	1.92	1.84	1.74	1.64	1.57	1.47	1.42	1.32	1.24	1.19
1 000	1.70	1.65	1.58	1.53	1.47	1.41	1.36	1.30	1.26	1.19	1.13	1.08
	2.09	2.01	1.89	1.81	1.71	1.61	1.54	1.44	1.38	1.28	1.19	1.11
∞	1.69	1.64	1.57	1.52	1.46	1.40	1.35	1.28	1.24	1.17	1.11	1.00
	2.07	1.99	1.87	1.79	1.69	1.59	1.52	1.41	1.36	1.25	1.15	1.00

附表 5　Dunnett t' 检验临界值表（双侧）

自由度 df	α	处理数 K（不包括对照组）								
		1	2	3	4	5	6	7	8	9
5	0.05	2.57	3.03	3.39	3.66	3.88	4.06	4.22	4.36	4.49
	0.01	4.03	4.63	5.09	5.44	5.73	5.97	6.18	6.36	6.53
6	0.05	2.45	2.86	3.18	3.41	3.60	3.75	3.88	4.00	4.11
	0.01	3.71	4.22	4.60	4.88	5.11	5.30	5.47	5.61	5.74
7	0.05	2.36	2.75	3.04	3.24	3.41	3.54	3.66	3.76	3.86
	0.01	3.50	3.95	4.28	4.52	4.71	4.87	5.01	5.13	5.24
8	0.05	2.31	2.67	2.94	3.13	3.28	3.40	3.51	3.60	3.68
	0.01	3.36	3.77	4.06	4.27	4.44	4.58	4.70	4.81	4.90
9	0.05	2.26	2.61	2.86	3.04	3.18	3.29	3.29	3.48	3.55
	0.01	3.25	3.63	3.90	4.09	4.24	4.37	4.48	4.57	4.65
10	0.05	2.23	2.57	2.81	2.97	3.11	3.21	3.31	3.39	3.46
	0.01	3.17	3.53	3.78	3.95	4.10	4.21	4.31	4.40	4.47
11	0.05	2.20	2.53	2.76	2.92	3.05	3.15	3.24	3.31	3.38
	0.01	3.11	3.45	3.68	3.85	3.98	4.09	4.18	4.26	4.33
12	0.05	2.18	2.50	2.72	2.88	3.00	3.10	3.18	3.25	3.32
	0.01	3.05	3.39	3.61	3.76	3.89	3.99	4.08	4.15	4.22
13	0.05	2.16	2.48	2.69	2.84	2.96	3.06	3.14	3.21	3.27
	0.01	3.01	3.33	3.54	3.69	3.81	3.91	3.99	4.06	4.13
14	0.05	2.14	2.46	2.67	2.81	2.93	3.02	3.10	3.17	3.23
	0.01	2.98	3.29	3.49	3.64	3.75	3.84	3.92	3.99	4.05
15	0.05	2.13	2.44	2.64	2.79	2.90	2.99	3.07	3.13	3.19
	0.01	2.95	3.25	3.45	3.59	3.70	3.79	3.86	3.93	3.99
16	0.05	2.12	2.42	2.63	2.77	2.88	2.96	3.04	3.10	3.16
	0.01	2.92	3.22	3.41	3.55	3.65	3.74	3.82	3.88	3.93
17	0.05	2.11	2.41	2.61	2.75	2.85	2.94	3.01	3.08	3.13
	0.01	2.90	3.19	3.38	3.51	3.62	3.70	3.77	3.83	3.89
18	0.05	2.10	2.40	2.59	2.73	2.84	2.92	2.99	3.05	3.11
	0.01	2.88	3.17	3.35	3.48	3.58	3.67	3.74	3.80	3.85
19	0.05	2.09	2.39	2.58	2.72	2.82	2.90	2.97	3.04	3.09
	0.01	2.86	3.15	3.33	3.46	3.55	3.64	3.70	3.76	3.81
20	0.05	2.09	2.38	2.57	2.70	2.81	2.89	2.96	3.02	3.07
	0.01	2.85	3.13	3.31	3.43	3.53	3.61	3.67	3.73	3.78
24	0.05	2.06	2.35	2.53	2.66	2.76	2.84	2.91	2.96	3.01
	0.01	2.80	3.07	3.24	3.36	3.45	3.52	3.58	3.64	3.69

续表

自由度 df	α	处理数 K（不包括对照组）								
		1	2	3	4	5	6	7	8	9
30	0.05	2.04	2.32	2.50	2.62	2.72	2.79	2.86	2.91	2.96
	0.01	2.75	3.01	3.17	3.28	3.37	3.44	3.50	3.55	3.59
40	0.05	2.02	2.29	2.47	2.58	2.67	2.75	2.81	2.86	2.90
	0.01	2.70	2.95	3.10	3.21	3.29	3.36	3.41	3.46	3.50
60	0.05	2.00	2.27	2.43	2.55	2.63	2.70	2.76	2.81	2.85
	0.01	2.66	2.90	3.04	3.14	3.22	3.28	3.33	3.38	3.42
120	0.05	1.98	2.24	2.40	2.51	2.59	2.66	2.71	2.76	2.80
	0.01	2.62	2.84	2.98	3.08	3.15	3.21	3.25	3.30	3.33
∞	0.05	1.96	2.21	2.37	2.47	2.55	2.62	2.67	2.71	2.75
	0.01	2.58	2.79	2.92	3.01	3.08	3.14	3.18	3.22	3.25

附表 6 Dunnett t' 检验临界值表（单侧）

自由度 df	α	处理数 K（不包括对照组）								
		1	2	3	4	5	6	7	8	9
5	0.05	2.02	2.44	2.68	2.85	2.98	3.08	3.16	3.24	3.30
	0.01	3.37	3.90	4.21	4.43	4.60	4.73	4.85	4.94	5.03
6	0.05	1.94	2.34	2.56	2.71	2.83	2.92	3.00	3.07	3.12
	0.01	3.14	3.61	3.88	4.07	4.21	4.33	4.43	4.51	4.59
7	0.05	1.89	2.27	2.48	2.62	2.73	2.82	2.89	2.95	3.01
	0.01	3.00	3.42	3.66	3.83	3.96	4.07	4.15	4.23	4.30
8	0.05	1.86	2.22	2.42	2.55	2.66	2.74	2.81	2.87	2.92
	0.01	2.90	3.29	3.51	3.67	3.79	3.88	3.96	4.03	4.09
9	0.05	1.83	2.18	2.37	2.50	2.60	2.68	2.75	2.81	2.86
	0.01	2.82	3.19	3.40	3.55	3.66	3.75	3.82	3.89	3.94
10	0.05	1.81	2.15	2.34	2.47	2.56	2.64	2.70	2.76	2.81
	0.01	2.76	3.11	3.31	3.45	3.56	3.64	3.71	3.78	3.83
11	0.05	1.80	2.13	2.31	2.44	2.53	2.60	2.67	2.72	2.77
	0.01	2.72	3.06	3.25	3.38	3.48	3.56	3.63	3.69	3.74
12	0.05	1.78	2.11	2.29	2.41	2.50	2.58	2.64	2.69	2.74
	0.01	2.68	3.01	3.19	3.32	3.42	3.50	3.56	3.62	3.67
13	0.05	1.77	2.09	2.27	2.39	2.48	2.55	2.61	2.66	2.71
	0.01	2.65	2.97	3.15	3.27	3.37	3.44	3.51	3.56	3.61
14	0.05	1.76	2.08	2.25	2.37	2.46	2.53	2.59	2.64	2.69

续表

自由度 df	α	处理数 K（不包括对照组）								
		1	2	3	4	5	6	7	8	9
15	0.01	2.62	2.94	3.11	3.23	3.32	3.40	3.46	3.51	3.56
	0.05	1.75	2.07	2.24	2.36	2.44	2.51	2.57	2.62	2.67
16	0.01	2.60	2.91	3.08	3.20	3.29	3.36	3.42	3.47	3.52
	0.05	1.75	2.06	2.23	2.34	2.43	2.50	2.56	2.61	2.65
17	0.01	2.58	2.88	3.05	3.17	3.26	3.33	3.39	3.44	3.48
	0.05	1.74	2.05	2.22	2.33	2.42	2.49	2.54	2.59	2.64
18	0.01	2.57	0.86	3.03	3.14	3.23	3.30	3.36	3.41	3.45
	0.05	1.73	2.04	2.21	2.32	2.41	2.48	2.53	2.58	2.62
19	0.01	2.55	2.84	3.01	3.12	3.21	3.27	3.33	3.38	3.42
	0.05	1.73	2.03	2.20	2.31	2.40	2.47	2.52	2.57	2.61
20	0.01	2.54	2.83	2.99	3.10	3.18	3.25	3.31	3.36	3.40
	0.05	1.72	2.03	2.19	2.30	2.39	2.46	2.51	2.56	2.60
24	0.01	2.53	2.81	2.97	3.08	3.17	3.23	3.29	3.34	3.38
	0.05	1.71	2.01	2.17	2.28	2.36	2.43	2.48	2.53	2.57
30	0.01	2.49	2.77	2.92	3.03	3.11	3.17	3.22	3.27	3.31
	0.05	1.70	1.99	2.15	2.25	2.33	2.40	2.45	2.50	2.54
40	0.01	2.46	2.72	2.87	2.97	3.05	3.11	3.16	3.21	3.24
	0.05	1.68	1.97	2.13	2.23	2.31	2.37	2.42	2.47	2.51
60	0.01	2.42	2.68	2.82	2.92	2.99	3.05	3.10	3.14	3.18
	0.05	1.67	1.95	2.10	2.21	2.28	2.35	2.39	2.44	2.48
120	0.01	2.39	2.64	2.78	2.87	2.94	3.00	3.04	3.08	3.12
	0.05	1.66	1.93	2.08	2.18	2.26	2.32	2.37	2.41	2.45
∞	0.01	2.36	2.60	2.73	2.82	2.89	2.94	2.99	3.03	3.06
	0.05	1.64	1.92	2.06	2.16	2.23	2.29	2.34	2.38	2.42
	0.01	2.33	2.56	2.68	2.77	2.84	2.89	2.93	2.97	3.00

附表7 q值表

自由度df	α	K(检验极差的平均数个数,即秩次距)																	
		2	3	4	5	6	7	8	9	10	11	12	13	14	15	16	17	18	19	20
3	0.05	4.50	5.91	6.82	7.50	8.04	8.84	8.85	9.18	9.46	9.72	9.95	10.15	10.35	10.52	10.84	10.69	10.98	11.11	11.24
	0.01	8.26	10.62	12.27	13.33	14.24	15.00	15.64	16.20	16.69	17.13	17.53	17.89	18.22	18.52	19.07	18.81	19.32	19.55	19.77
4	0.05	3.39	5.04	5.76	6.29	6.71	7.05	7.35	7.60	7.83	8.03	8.21	8.37	8.52	8.66	8.79	8.91	9.03	9.13	9.23
	0.01	6.51	8.12	9.17	9.96	10.85	11.10	11.55	11.93	12.27	12.57	12.84	13.09	13.32	13.53	13.73	13.91	14.08	14.24	14.40
5	0.05	3.64	4.60	5.22	5.67	6.03	6.33	6.58	6.80	6.99	7.17	7.32	7.47	7.60	7.72	7.83	7.93	8.03	8.12	8.21
	0.01	5.70	6.98	7.80	8.42	8.91	9.32	9.67	9.97	10.24	10.48	10.07	10.89	11.08	11.24	11.40	11.55	11.68	11.81	11.93
6	0.05	3.46	4.34	4.90	5.30	5.63	5.90	6.12	6.32	6.49	6.65	6.79	6.92	7.03	7.14	7.24	7.34	7.43	7.51	7.59
	0.01	5.24	6.33	7.03	7.56	7.97	8.32	8.61	8.87	9.10	9.30	9.48	9.65	9.81	9.95	10.08	12.21	10.32	10.43	10.54
7	0.05	3.34	4.16	4.68	5.06	5.36	5.01	5.82	6.00	6.16	6.30	6.43	6.55	6.66	6.76	6.85	9.94	7.02	7.10	7.17
	0.01	4.95	5.92	6.54	7.01	7.37	7.68	9.94	8.17	8.37	8.55	8.71	8.86	9.00	9.12	9.24	9.35	9.46	9.55	9.65
8	0.05	3.26	4.04	4.53	4.89	5.17	5.40	5.60	5.77	5.92	6.05	6.18	6.29	6.39	6.48	6.57	6.65	6.73	6.80	6.87
	0.01	4.75	5.64	6.20	6.62	6.96	7.24	7.47	7.68	7.86	8.03	8.18	8.31	8.44	8.55	8.66	8.76	8.85	8.94	9.03
9	0.05	3.20	3.95	4.41	4.76	5.02	5.24	5.43	5.59	5.74	5.87	5.98	6.09	6.19	6.28	6.36	6.44	6.51	6.58	6.64
	0.01	4.60	5.43	5.96	6.35	6.66	6.91	7.13	7.33	7.49	7.65	7.78	7.91	8.03	8.13	8.23	8.33	8.41	8.49	8.57
10	0.05	3.15	3.88	4.33	4.65	4.91	5.12	5.30	5.46	5.60	5.72	5.83	5.93	6.03	6.11	6.19	6.27	6.34	6.40	6.47
	0.01	4.48	5.27	5.77	6.14	4.43	6.67	6.87	7.05	7.21	7.36	7.48	7.60	7.71	7.81	7.91	7.99	8.08	8.15	8.23
11	0.05	3.11	3.82	4.26	4.57	4.82	5.03	5.20	5.35	5.49	5.61	5.71	5.81	5.90	5.98	6.06	6.13	6.20	6.27	6.33
	0.01	4.39	5.15	5.62	5.97	6.25	6.48	6.67	6.84	6.99	7.13	7.25	7.36	7.46	7.56	7.65	7.13	7.81	7.88	7.95
12	0.05	3.08	3.77	4.20	4.51	4.75	4.95	5.12	5.27	5.39	5.51	5.61	5.71	5.80	5.88	5.95	6.02	6.09	6.15	6.21
	0.01	4.32	5.05	5.55	5.84	6.10	6.32	6.51	6.67	6.81	6.94	7.06	7.17	7.26	7.36	7.44	7.52	7.59	7.66	7.73
13	0.05	3.06	3.73	4.15	4.45	4.69	4.88	5.05	9.19	5.32	5.45	5.53	5.63	5.71	5.79	5.86	5.93	5.99	6.05	6.11
	0.01	4.26	4.96	5.40	5.73	5.98	6.10	6.37	6.53	6.67	6.79	6.90	7.01	7.10	7.19	7.27	7.35	7.42	7.48	7.55
14	0.05	3.03	3.70	4.11	4.41	4.64	4.83	4.99	5.13	5.25	5.36	5.46	5.55	5.64	5.71	5.79	5.85	5.91	5.97	6.03
	0.01	4.21	4.89	5.32	5.63	5.88	6.08	6.26	6.41	6.54	6.66	6.77	6.87	6.96	7.05	7.13	7.20	7.27	7.33	7.39
15	0.05	3.01	3.67	4.08	4.37	4.59	4.78	4.94	5.08	5.20	5.31	5.40	5.49	5.57	5.65	5.72	5.78	5.85	5.00	5.96
	0.01	4.17	4.84	5.25	5.56	5.80	5.99	6.16	6.31	6.44	6.55	6.66	6.76	6.84	6.93	7.00	7.07	7.14	7.20	7.26
16	0.05	3.00	3.65	4.05	4.33	4.56	4.74	4.90	5.03	5.15	5.26	5.35	5.44	5.52	5.59	5.66	5.73	5.79	5.84	5.90
	0.01	4.13	4.79	5.19	5.49	5.72	5.92	6.08	6.22	6.35	6.46	6.56	6.66	6.74	6.82	6.90	6.97	7.03	7.09	7.15
17	0.05	2.98	3.63	4.02	4.30	4.52	4.70	4.86	4.99	5.11	5.21	5.31	5.39	5.47	5.54	5.61	5.67	5.73	5.79	5.84
	0.01	4.10	4.74	5.14	5.43	5.66	5.85	6.01	6.15	6.27	6.38	6.48	6.57	6.66	6.73	6.81	6.87	6.94	7.00	7.05
18	0.05	2.97	3.61	4.00	4.28	4.49	4.67	4.82	4.96	5.07	5.17	5.27	5.36	5.43	5.50	5.57	5.63	5.69	5.74	5.76
	0.01	4.07	4.70	5.09	5.38	5.60	5.79	5.94	6.08	6.20	6.31	6.41	6.50	6.58	6.65	6.73	6.79	6.85	6.91	6.97
19	0.05	2.96	3.59	3.98	4.25	4.47	4.65	4.49	4.92	5.04	5.14	5.23	5.31	5.39	5.46	5.53	5.59	5.65	5.70	5.75
	0.01	4.05	4.67	5.05	5.55	5.55	5.73	5.89	6.02	6.16	6.25	6.34	6.43	6.51	6.58	6.65	6.72	6.78	6.84	6.89
20	0.05	2.95	3.58	3.96	4.23	4.45	4.62	4.77	4.90	5.01	5.11	5.20	5.28	5.36	5.43	5.49	5.55	5.61	5.66	5.71
	0.01	4.02	4.64	5.02	5.29	5.51	5.69	5.84	5.97	6.09	6.19	6.28	6.37	6.45	6.52	6.59	6.65	6.71	6.77	6.82
24	0.05	2.92	3.53	3.90	4.17	4.37	4.54	4.68	4.81	4.92	5.05	5.10	5.18	5.25	5.32	5.38	5.44	5.49	5.55	5.59
	0.01	3.96	4.55	4.91	5.17	5.37	5.54	5.69	5.81	5.92	6.02	6.11	6.19	6.26	6.33	6.39	6.45	6.51	6.56	6.01
30	0.05	2.89	3.49	3.85	4.10	4.30	4.46	4.60	4.72	4.82	4.92	5.00	5.08	5.15	5.21	5.27	5.33	5.38	5.43	6.47
	0.01	3.89	4.45	4.80	5.05	5.24	5.40	5.54	5.65	5.76	5.85	5.93	6.01	6.08	6.14	6.20	6.26	6.31	6.36	6.41
40	0.05	2.86	3.44	3.79	4.04	4.23	4.39	4.52	4.63	4.73	4.82	4.90	4.98	5.04	5.11	5.16	5.22	5.27	5.31	5.36
	0.01	3.82	4.37	4.70	4.93	5.11	5.26	5.39	5.50	5.60	5.69	5..76	5.83	5.90	5.96	6.02	6.07	6.12	6.16	6.21
60	0.05	2.83	3.40	3.74	3.98	4.16	4.31	4.44	4.55	4.65	4.73	4.81	4.88	4.94	5.00	5.06	5.11	5.15	5.20	5.24
	0.01	3.76	4.28	4.59	4.82	4.99	5.13	5.25	5.36	5.45	5.53	5.60	5.67	5.73	5.78	5.84	5.89	5.93	5.97	6.01
120	0.05	2.80	3.36	3.68	3.92	4.10	4.24	4.36	4.47	4.56	4.64	4.71	4.78	4.84	4.90	4.95	5.00	5.04	5.09	5.13
	0.01	3.70	4.20	4.50	4.71	4.87	5.01	5.12	5.21	5.30	5.37	5.44	5.50	5.56	5.61	5.66	5.71	5.75	5.79	5.85
∞	0.05	2.77	3.31	3.63	3.86	4.03	4.17	4.29	4.39	4.47	4.55	4.62	4.68	4.74	4.80	4.85	4.89	4.93	4.97	5.01
	0.01	3.64	4.12	4.40	4.60	4.76	4.88	4.99	5.08	5.16	5.23	5.29	5.35	5.40	5.45	5.49	5.54	5.57	5.61	5.65

附表 8　Duncan's 新复极差检验的 *SSR* 值

自由度 df	α	检验极差的平均数个数（K）													
		2	3	4	5	6	7	8	9	10	12	14	16	18	20
1	0.05	18.0	18.0	18.0	18.0	18.0	18.0	18.0	18.0	18.0	18.0	18.0	18.0	18.0	18.0
	0.01	90.0	90.0	90.0	90.0	90.0	90.0	90.0	90.0	90.0	90.0	90.0	90.0	90.0	90.0
2	0.05	6.09	6.09	6.09	6.09	6.09	6.09	6.09	6.09	6.09	6.09	6.09	6.09	6.09	6.09
	0.01	14.0	14.0	14.0	14.0	14.0	14.0	14.0	14.0	14.0	14.0	14.0	14.0	14.0	14.0
3	0.05	4.50	4.50	4.50	4.50	4.50	4.50	4.50	4.50	4.50	4.50	4.50	4.50	4.50	4.50
	0.01	8.26	8.5	8.6	8.7	8.8	8.9	8.9	9.0	9.0	9.0	9.1	9.2	9.3	9.3
4	0.05	3.93	4.0	4.02	4.02	4.02	4.02	4.02	4.02	4.02	4.02	4.02	4.02	4.02	4.02
	0.01	6.51	6.8	6.9	7.0	7.1	7.1	7.2	7.2	7.3	7.3	7.4	7.4	7.5	7.5
5	0.05	3.64	3.74	3.79	3.83	3.83	3.83	3.83	3.83	3.83	3.83	3.83	3.83	3.83	3.83
	0.01	5.70	5.96	6.11	6.18	6.26	6.33	6.40	6.44	6.5	6.6	6.6	6.7	6.7	6.8
6	0.05	3.46	3.58	3.64	3.68	3.68	3.68	3.68	3.68	3.68	3.68	3.68	3.68	3.68	3.68
	0.01	5.24	5.51	5.65	5.73	5.81	5.88	5.95	6.00	6.0	6.1	6.2	6.2	6.3	6.3
7	0.05	3.35	3.47	3.54	3.58	3.60	3.61	3.61	3.61	3.61	3.61	3.61	3.61	3.61	3.61
	0.01	4.95	5.22	5.37	5.45	5.53	5.61	5.69	5.73	5.8	5.8	5.9	5.9	6.0	6.0
8	0.05	3.26	3.39	3.47	3.52	3.55	3.56	3.56	3.56	3.56	3.56	3.56	3.56	3.56	3.56
	0.01	4.74	5.00	5.14	5.23	5.32	5.40	5.47	5.51	5.5	5.6	5.7	5.7	5.8	5.8
9	0.05	3.20	3.34	3.41	3.47	3.50	3.51	3.52	3.52	3.52	3.52	3.52	3.52	3.52	3.52
	0.01	4.60	4.86	4.99	5.08	5.17	5.25	5.32	5.36	5.4	5.5	5.5	5.6	5.7	5.7
10	0.05	3.15	3.30	3.37	3.43	3.46	3.47	3.47	3.47	3.47	3.47	3.47	3.47	3.47	3.48
	0.01	4.48	4.73	4.88	4.96	5.06	5.12	5.20	5.24	5.28	5.36	5.42	5.48	5.54	5.55
11	0.05	3.11	3.27	3.35	3.39	3.43	3.44	3.45	3.46	3.46	3.46	3.46	3.46	3.47	3.48
	0.01	4.39	4.63	4.77	4.86	4.94	5.01	5.08	5.12	5.15	5.24	5.28	5.34	5.38	5.39
12	0.05	3.08	3.23	3.33	3.36	3.48	3.42	3.44	3.44	3.46	3.46	3.46	3.46	3.47	3.48
	0.01	4.32	4.55	4.68	4.76	4.84	4.92	4.96	5.02	5.07	5.13	5.17	5.22	5.24	5.26
13	0.05	3.06	3.21	3.30	3.36	3.38	3.41	3.42	3.44	3.45	3.45	3.46	3.46	3.47	3.47
	0.01	4.26	4.48	4.62	4.69	4.74	4.84	4.88	4.94	4.98	5.04	5.08	5.13	5.14	5.15
14	0.05	3.03	3.18	3.27	3.33	3.37	3.39	3.41	3.42	3.44	3.45	3.46	3.46	3.47	3.47
	0.01	4.21	4.42	4.55	4.63	4.70	4.78	4.83	4.87	4.91	4.96	5.00	5.04	5.06	5.07
15	0.05	3.01	3.16	3.25	3.31	3.36	3.38	3.40	3.42	3.43	3.44	3.45	3.46	3.47	3.47
	0.01	4.17	4.37	4.50	4.58	4.64	4.72	4.77	4.81	4.84	4.90	4.94	4.97	4.99	5.00
16	0.05	3.00	3.15	3.23	3.30	3.34	3.37	3.39	3.41	3.43	3.44	3.45	3.46	3.47	3.47
	0.01	4.13	4.34	4.45	4.54	4.60	4.67	4.72	4.76	4.79	4.84	4.88	4.91	4.93	4.94
17	0.05	2.98	3.13	3.22	3.28	3.33	3.36	3.38	3.40	3.42	3.44	3.45	3.46	3.47	3.47
	0.01	4.10	4.30	4.41	4.50	4.56	4.63	4.68	4.72	4.75	4.80	4.83	4.86	4.88	4.89
18	0.05	2.97	3.12	3.21	3.27	3.32	3.35	3.37	3.39	3.41	3.43	3.45	3.46	3.47	3.47
	0.01	4.07	4.27	4.38	4.46	4.53	4.59	4.64	4.68	4.71	4.76	4.79	4.82	4.84	4.85
19	0.05	2.96	3.11	3.19	3.26	3.31	3.35	3.37	3.39	3.41	3.43	3.44	3.46	3.47	3.47
	0.01	4.05	4.24	4.35	4.43	4.50	4.56	4.61	4.64	4.67	4.72	4.76	4.79	4.81	4.82
20	0.05	2.95	3.10	3.18	3.25	3.30	3.34	3.36	3.38	3.40	3.43	3.44	3.46	3.46	3.47

自由度df	α	检验极差的平均数个数(K)													
		2	3	4	5	6	7	8	9	10	12	14	16	18	20
	0.01	4.02	4.22	4.33	4.40	4.47	4.53	4.58	4.61	4.65	4.69	4.73	4.76	4.78	4.79
22	0.05	2.93	3.08	3.17	3.24	3.29	3.32	3.35	3.37	3.39	3.42	3.44	3.45	3.46	3.47
	0.01	3.99	4.17	4.28	4.36	4.42	4.48	4.53	4.57	4.60	4.65	4.68	4.71	4.74	4.75
24	0.05	2.92	3.07	3.15	3.22	3.28	3.31	3.34	3.37	3.38	3.41	3.44	3.45	3.46	3.47
	0.01	3.96	4.14	4.24	4.33	4.39	4.44	4.49	4.53	4.57	4.62	4.64	4.67	4.70	4.72
26	0.05	2.91	3.06	3.14	3.21	3.27	3.30	3.34	3.36	3.38	3.41	3.43	3.45	3.46	3.47
	0.01	3.93	4.11	4.21	4.30	4.36	4.41	4.46	4.50	4.53	4.58	4.62	4.65	4.67	4.69
28	0.05	2.90	3.04	3.13	3.20	3.26	3.30	3.33	3.35	3.37	3.40	3.43	3.45	3.46	3.47
	0.01	3.91	4.08	4.18	4.28	4.34	4.39	4.43	4.47	4.51	4.56	4.60	4.62	4.65	4.67
30	0.05	2.89	3.04	3.12	3.20	3.25	3.29	3.32	3.35	3.37	3.40	3.43	3.44	3.46	3.47
	0.01	3.89	4.06	4.16	4.22	4.32	4.36	4.41	4.45	4.48	4.54	4.58	4.61	4.63	4.65
40	0.05	2.86	3.01	3.10	3.17	3.22	3.27	3.30	3.33	3.35	3.39	3.42	3.44	3.46	3.47
	0.01	3.82	3.99	4.10	4.17	4.24	4.30	4.31	4.37	4.41	4.46	4.51	4.54	4.57	4.59
60	0.05	2.83	2.98	3.08	3.14	3.20	3.24	3.28	3.31	3.33	3.37	3.40	3.43	3.46	3.47
	0.01	3.76	3.92	4.03	4.12	4.17	4.23	4.27	4.31	4.34	4.39	4.44	4.47	4.50	.353
100	0.05	2.80	2.95	3.05	3.12	3.18	3.22	3.26	3.29	3.32	3.36	3.40	3.42	3.45	3.47
	0.01	3.71	3.86	3.98	4.06	4.11	4.17	4.21	4.25	4.29	4.35	4.38	4.42	4.45	4.48
∞	0.05	2.77	2.92	3.02	3.09	3.15	3.19	3.23	3.26	3.29	3.34	3.38	3.41	3.44	3.47
	0.01	3.64	3.80	3.90	3.98	4.04	4.09	4.14	4.17	4.20	4.26	4.31	4.34	4.38	4.41

附表9　多重比较中的 q 表

$\alpha = 0.05$　　　（t 化极差 $q_\alpha \cdot t = W/\sqrt{\chi^2/f}$ 的上侧分位数）

$\frac{\alpha}{f}$	2	3	4	5	6	7	8	9	10	11	12	13	14	15	16	17	18	19	20	$\frac{\alpha}{f}$
1	17.97	26.98	32.82	37.08	40.41	43.12	45.40	47.36	49.07	50.59	51.96	53.20	54.33	55.36	56.32	57.22	58.04	58.83	59.56	1
2	6.08	8.33	9.80	10.88	11.74	12.44	13.03	13.54	13.99	14.39	14.75	15.08	15.38	15.65	15.91	16.14	16.37	16.57	16.77	2
3	4.50	5.91	6.82	7.50	8.04	8.48	8.85	9.18	9.46	9.72	9.95	10.15	10.35	10.52	10.69	10.84	10.98	11.11	11.24	3
4	3.93	5.04	5.76	6.29	6.71	7.05	7.35	7.60	7.83	8.03	8.21	8.37	8.52	8.66	8.79	8.91	9.03	9.13	9.23	4
5	3.54	4.60	5.22	5.67	6.03	6.33	6.58	9.80	6.99	7.17	7.32	7.47	7.60	7.72	7.83	7.93	8.03	8.12	8.21	5
6	3.46	4.34	4.90	5.30	5.63	5.90	6.12	6.32	6.49	6.65	6.79	6.92	7.03	7.14	7.24	7.34	7.43	7.51	7.59	6
7	3.34	4.16	4.68	5.06	5.36	5.61	5.82	6.00	6.16	6.30	6.43	6.55	6.66	6.76	6.85	6.94	7.02	7.10	7.17	7
8	3.26	4.04	4.53	4.89	5.17	5.40	5.60	5.77	5.92	6.05	6.18	6.29	6.39	6.48	6.57	6.65	6.73	6.80	6.87	8
9	3.20	3.95	4.41	4.76	5.02	5.24	5.43	5.59	5.74	5.87	5.98	6.09	6.19	6.28	6.36	6.44	6.51	6.58	6.64	9
10	3.15	3.88	4.33	4.65	4.91	5.12	5.30	5.46	5.60	5.72	5.83	5.93	6.03	6.11	6.19	6.27	6.34	6.40	6.47	10
11	3.11	3.82	4.26	4.57	4.82	5.03	5.20	5.35	5.49	5.61	5.71	5.81	5.90	5.98	6.06	6.13	6.20	6.27	6.33	11
12	3.08	3.77	4.20	4.51	4.75	4.95	5.12	5.27	5.39	5.51	5.61	5.71	5.80	5.88	5.95	6.02	6.09	6.15	6.21	12
13	3.06	3.73	4.15	4.45	4.69	4.88	5.05	5.19	5.32	5.43	5.53	5.63	5.71	5.79	5.86	5.93	5.99	6.05	6.11	13
14	3.03	3.70	4.11	4.41	4.64	4.83	4.99	5.13	5.25	5.36	5.46	5.55	5.64	5.71	5.79	5.85	5.91	5.97	6.03	14
15	3.01	3.67	4.08	4.37	4.59	4.78	4.94	5.08	5.20	5.31	5.40	5.49	5.57	5.65	5.72	5.78	5.85	5.90	5.96	15

续表

α f	2	3	4	5	6	7	8	9	10	11	12	13	14	15	16	17	18	19	20	α f
16	3.00	3.65	4.05	4.33	4.56	4.74	4.90	5.03	5.15	5.26	5.35	5.44	5.52	5.59	5.66	5.73	5.79	5.84	5.90	16
17	2.98	3.63	4.02	4.30	4.52	4.70	4.86	4.99	5.11	5.21	5.31	5.39	5.47	5.54	5.61	5.67	5.73	5.79	5.84	17
18	2.97	3.61	4.00	4.28	4.49	4.67	4.82	4.96	5.07	5.17	5.27	5.35	5.43	5.50	5.57	5.63	5.69	5.74	5.79	18
19	2.96	3.59	3.98	4.25	4.47	4.65	4.79	4.92	5.04	5.14	5.23	5.31	5.39	5.46	5.53	5.59	5.65	5.70	5.75	19
20	2.95	3.58	3.96	4.23	4.45	4.62	4.77	4.90	5.01	5.11	5.20	5.28	5.36	5.43	5.49	5.55	5.61	5.66	5.71	20
24	2.92	3.53	3.90	4.17	4.37	4.54	4.68	4.81	4.92	5.01	5.10	5.18	5.25	5.32	5.38	5.44	5.49	5.55	5.59	24
30	2.89	3.49	3.85	4.10	4.30	4.46	4.60	4.72	4.82	4.92	5.00	5.08	5.15	5.21	5.27	5.33	5.38	5.43	5.47	30
40	2.86	3.44	3.79	4.04	4.23	4.39	4.52	4.63	4.73	4.82	4.90	4.98	5.04	5.11	5.16	5.22	5.27	5.31	5.36	
60	2.83	3.40	3.74	3.98	4.16	4.31	4.44	4.55	4.65	4.73	4.81	4.88	4.94	5.00	5.06	5.11	5.15	5.20	5.24	60
120	2.80	3.36	3.68	3.92	4.10	4.24	4.36	4.47	4.56	4.64	4.71	4.78	4.84	4.90	4.95	5.00	5.04	5.09	5.13	120
∞	2.77	3.31	3.63	3.86	4.03	4.17	4.29	4.39	4.47	4.55	4.62	4.68	4.74	4.80	4.85	4.89	4.93	4.97	5.01	∞

附表 10　r 与 R 的显著数值表

自由度 df	概率 α	变量的个数(M) 2	3	4	5	自由度 df	概率 α	变量的个数(M) 2	3	4	5
1	0.05	0.997	0.999	0.999	0.999	13	0.05	0.514	0.608	0.664	0.703
	0.01	1.000	1.000	1.000	1.000		0.01	0.641	0.712	0.755	0.785
2	0.05	0.950	0.975	0.983	0.987	14	0.05	0.497	0.590	0.646	0.686
	0.01	0.990	0.995	0.997	0.998		0.01	0.623	0.694	0.737	0.768
3	0.05	0.878	0.930	0.950	0.961	15	0.05	0.482	0.574	0.630	0.670
	0.01	0.959	0.976	0.982	0.987		0.01	0.606	0.677	0.721	0.752
4	0.05	0.811	0.881	0.912	0.930	16	0.05	0.468	0.559	0.615	0.655
	0.01	0.917	0.949	0.962	0.970		0.01	0.590	0.662	0.706	0.738
5	0.05	0.754	0.863	0.874	0.898	17	0.05	0.456	0.545	0.601	0.461
	0.01	0.874	0.917	0.937	0.949		0.01	0.575	0.647	0.691	0.724
6	0.05	0.707	0.795	0.839	0.867	18	0.05	0.444	0.532	0.587	0.628
	0.01	0.834	0.886	0.991	0.927		0.01	0.561	0.633	0.678	0.710
7	0.05	0.666	0.758	0.807	0.838	19	0.05	0.433	0.520	0.575	0.615
	0.01	0.798	0.855	0.885	0.904		0.01	0.549	0.620	0.665	0.698
8	0.05	0.632	0.726	0.777	0.811	20	0.05	0.423	0.509	0.563	0.604
	0.01	0.765	0.827	0.860	0.882		0.01	0.537	0.608	0.652	0.685
9	0.05	0.602	0.697	0.750	0.786	21	0.05	0.413	0.498	0.522	0.592
	0.01	0.735	0.800	0.836	0.861		0.01	0.526	0.596	0.641	0.674
10	0.05	0.576	0.671	0.726	0.763	22	0.05	0.404	0.488	0.542	0.582
	0.01	0.708	0.776	0.814	0.840		0.01	0.515	0.585	0.630	0.663
11	0.05	0.553	0.648	0.703	0.741	23	0.05	0.396	0.479	0.532	0.572
	0.01	0.684	0.753	0.793	0.821		0.01	0.505	0.574	0.619	0.652
12	0.05	0.532	0.627	0.683	0.722	24	0.05	0.388	0.470	0.523	0.562
	0.01	0.661	0.732	0.773	0.802		0.01	0.496	0.565	0.609	0.642

自由度	概率	变量的个数（M）				自由度	概率	变量的个数（M）			
df	α	2	3	4	5	df	α	2	3	4	5
25	0.05	0.381	0.462	0.514	0.553	70	0.05	0.232	0.286	0.324	0.354
	0.01	0.487	0.555	0.600	0.633		0.01	0.302	0.351	0.386	0.413
26	0.05	0.374	0.555	0.600	0.633	80	0.05	0.217	0.269	0.304	0.332
	0.01	0.478	0.546	0.590	0.624		0.01	0.283	0.330	0.362	0.389
27	0.05	0.367	0.446	0.498	0.536	90	0.05	0.205	0.254	0.288	0.315
	0.01	0.470	0.538	0.582	0.615		0.01	0.267	0.312	0.343	0.368
28	0.05	0.361	0.439	0.490	0.592	100	0.05	0.195	0.241	0.274	0.300
	0.01	0.463	0.530	0.573	0.606		0.01	0.254	0.297	0.327	0.351
29	0.05	0.355	0.432	0.482	0.521	125	0.05	0.174	0.216	0.246	0.269
	0.01	0.456	0.522	0.565	0.598		0.01	0.228	0.266	0.294	0.316
30	0.05	0.349	0.426	0.476	0.514	150	0.05	0.159	1.198	0.225	0.247
	0.01	0.449	0.514	0.558	0.519		0.01	0.208	0.244	0.270	0.290
35	0.05	0.325	0.397	0.445	0.482	200	0.05	0.138	0.172	0.196	0.215
	0.01	0.418	0.481	0.523	0.556		0.01	0.181	0.212	0.234	0.253
40	0.05	0.304	0.373	0.419	0.455	300	0.05	0.113	0.141	0.160	0.176
	0.01	0.393	0.454	0.494	0.526		0.01	0.148	0.174	0.192	0.208
45	0.05	0.288	0.353	0.397	0.432	400	0.05	0.098	0.122	0.139	0.153
	0.01	0.372	0.430	0.470	0.501		0.01	0.128	0.151	0.167	0.180
50	0.05	0.273	0.336	0.379	0.412	500	0.05	0.088	0.109	0.124	0.137
	0.01	0.354	0.410	0.449	0.479		0.01	0.115	0.135	0.150	0.162
60	0.05	0.250	0.308	0.348	0.380	1 000	0.05	0.062	0.077	0.088	0.097
	0.01	0.325	0.377	0.414	0.442		0.01	0.081	0.096	0.106	0.115

附表 11　χ^2 值表（一尾）

自由度 df	概率值（P）									
	0.995	0.990	0.975	0.950	0.900	0.100	0.050	0.025	0.010	0.005
1	—	—	—	—	0.02	2.71	3.84	5.02	6.63	7.88
2	0.01	0.02	0.05	0.10	0.21	4.61	5.99	7.38	9.21	10.60
3	0.07	0.11	0.22	0.35	0.58	8.25	7.31	9.35	11.34	12.84
4	0.21	0.30	0.48	0.71	1.06	7.78	9.49	11.14	13.28	14.86
5	0.41	0.55	0.83	1.15	1.61	9.24	11.07	12.83	15.09	16.75
6	0.68	0.87	1.24	1.64	2.20	10.64	12.59	14.45	16.81	18.55
7	0.99	1.24	1.69	2.17	2.83	12.02	14.07	16.01	18.48	20.28
8	1.34	1.65	2.18	2.73	3.49	13.36	15.51	17.53	20.09	21.96
9	1.73	2.09	2.70	3.33	4.17	14.68	16.92	19.02	21.69	23.59

续表

自由度 df	概率值(P)									
	0.995	0.990	0.975	0.950	0.900	0.100	0.050	0.025	0.010	0.005
10	2.16	2.56	3.25	3.94	4.87	15.99	18.31	20.48	23.21	25.19
11	2.60	3.05	3.82	4.57	5.58	17.28	19.68	21.92	24.72	26.76
12	3.07	3.57	4.40	5.23	6.30	18.55	21.03	23.34	26.22	28.30
13	3.57	4.11	5.01	5.89	7.04	19.81	22.36	24.74	27.69	29.82
14	4.07	4.66	5.63	6.57	7.79	21.06	23.68	26.12	29.14	31.32
15	4.60	5.23	6.27	7.26	8.55	22.31	25.00	27.49	30.58	32.80
16	5.14	5.81	6.91	7.96	9.31	23.54	26.30	28.85	32.00	34.27
17	5.70	6.41	7.56	8.67	10.09	24.77	27.59	30.19	33.41	35.72
18	6.26	7.01	8.23	9.39	10.86	25.99	28.87	31.53	34.81	37.16
19	6.84	7.63	8.91	10.12	11.65	27.20	30.14	32.85	36.19	38.58
20	7.43	8.26	9.59	10.85	12.44	28.41	31.41	34.17	37.57	40.00
21	8.03	8.90	10.28	11.59	13.24	29.62	32.67	35.48	38.93	41.40
22	8.64	9.54	10.98	12.34	14.04	30.81	33.92	36.78	40.29	42.80
23	9.26	10.20	11.69	13.09	14.85	32.01	35.17	38.08	41.64	44.18
24	9.89	10.86	12.40	13.85	15.66	33.20	36.42	39.36	42.98	45.56
25	10.52	11.52	13.12	14.61	16.47	34.38	37.65	40.65	44.31	46.93
26	11.16	12.20	13.84	15.38	17.29	35.56	38.89	41.92	45.61	48.29
27	11.81	12.88	14.57	16.15	18.11	36.74	40.11	43.19	46.96	49.64
28	12.46	13.56	15.31	16.93	18.94	37.92	41.34	44.46	48.28	50.99
29	13.12	14.26	16.05	17.71	19.77	39.09	42.56	45.72	49.59	52.34
30	13.79	14.95	16.79	18.49	20.60	40.26	43.77	46.98	50.89	53.67
40	20.71	22.16	24.43	26.51	29.05	51.80	55.76	59.34	63.69	66.77
50	27.99	29.71	32.36	34.76	37.69	63.17	67.50	71.42	76.15	79.49
60	35.53	37.48	40.48	43.19	46.46	74.40	79.08	83.30	86.38	91.95
70	43.28	45.44	48.76	51.74	55.33	85.53	90.53	95.02	100.42	104.22
80	51.17	53.54	57.15	60.39	64.28	96.58	101.88	106.03	112.33	116.32
90	59.20	61.75	65.65	69.13	73.29	107.56	113.14	118.14	124.12	128.30
100	67.33	70.06	74.22	77.93	82.36	118.50	124.34	119.56	135.81	140.17

附表 12 符号检验用 K 临界值表（双尾）

n	α				n	α				n	α				n	α			
	0.01	0.05	0.10	0.25		0.01	0.05	0.10	0.25		0.01	0.05	0.10	0.25		0.01	0.05	0.10	0.25
1					24	5	6	7	8	47	14	16	17	19	69	23	25	27	29
2					25	5	7	7	9	48	14	16	17	19	70	23	26	27	29
3				0	26	6	7	8	9	49	15	17	18	19	71	24	26	28	30
4				0	27	6	7	8	10	50	15	17	18	20	72	24	27	28	30
5			0	0	28	6	8	9	10	51	15	18	19	20	73	25	27	28	31
6		0	0	1	29	7	8	9	10	52	16	18	19	21	74	25	28	29	31
7		0	0	1	30	7	9	10	11	53	16	18	20	21	75	25	28	29	32
8	0	0	1	1	31	7	9	10	11	54	17	19	20	22	76	26	28	30	32
9	0	1	1	2	32	8	9	10	11	55	17	19	20	22	77	26	29	30	32
10	0	1	1	2	33	8	10	11	12	56	17	20	21	23	78	27	29	31	33
11	0	1	2	3	34	9	10	11	13	57	18	20	21	23	79	27	30	31	33
12	1	2	2	3	35	9	11	12	13	58	18	21	22	24	80	28	30	32	34
13	1	2	3	3	36	9	11	12	14	59	19	21	22	24	81	28	31	32	34
14	1	2	3	4	37	10	12	13	14	60	19	21	23	25	82	28	31	33	35
15	2	3	3	4	38	10	12	13	14	61	20	22	23	25	83	29	32	33	35
16	2	3	4	5	39	11	12	13	14	62	20	22	24	25	84	29	32	33	36
17	2	4	4	5	40	11	13	14	15	63	20	23	24	26	85	30	32	34	36
18	3	4	5	6	41	11	13	14	16	64	21	23	24	26	86	30	33	34	37
19	3	4	5	6	42	12	14	15	16	35	21	24	25	27	87	31	33	35	37
20	3	5	5	6	43	12	14	15	17	66	22	24	25	27	88	31	34	35	38
21	4	5	6	7	44	13	15	16	17	67	22	25	26	28	89	31	34	36	38
22	4	5	6	7	45	13	15	16	18	68	22	25	26	28	90	32	35	36	39
23	4	6	7	8	46	13	15	16	18										

附表 13 符号秩和检验用 T 临界值表

n	$P(2)$	0.10	0.05	0.02	0.01	n	$P(2)$	0.10	0.05	0.02	0.01
	$P(1)$	0.05	0.025	0.01	0.005		$P(1)$	0.05	0.025	0.01	0.005
5			0			13		21	17	12	9
6		2	0			14		25	21	15	12
7		3	2	0		15		30	25	19	15
8		5	3	1	0	16		35	29	23	19
9		8	5	3	1	17		41	34	27	23
10		10	8	5	3	18		47	40	32	27
11		13	10	7	5	19		53	46	37	32
12		17	13	9	7						

续表

n	$P(2)$	0.10	0.05	0.02	0.01	n	$P(2)$	0.10	0.05	0.02	0.01
	$P(1)$	0.05	0.025	0.01	0.005		$P(1)$	0.05	0.025	0.01	0.005
20		60	52	43	37	23		83	73	62	54
21		67	58	49	42	24		91	81	69	61
22		75	65	55	48	25		100	89	76	68

附表 14 秩和检验用 T 临界值表（两样本比较）

单　侧　　双　则

1 行　$p = 0.05$　　　$p = 0.10$

2 行　$p = 0.025$　　$p = 0.05$

3 行　$p = 0.01$　　　$p = 0.02$

4 行　$p = 0.005$　　$p = 001$

n_1（较小 n）	$n_2 - n_1$										
	0	1	2	3	4	5	6	7	8	9	10
2			2~13	3~15	3~17	4~18	4~20	4~22	4~24	5~25
							3~19	3~21	3~23	3~25	3~26
3	6~15	6~18	7~20	8~22	8~25	9~27	10~29	10~32	11~34	11~37	12~39
			6~21	7~23	7~25	8~28	8~31	9~33	9~36	10~38	10~41
				6~27	6~30	7~32	7~35	7~38	8~40	8~43
						6~33	6~36	6~39	7~41	7~44
4	11~25	12~28	13~31	14~34	15~37	16~40	17~43	18~46	19~49	20~52	21~55
	10~26	11~29	12~32	13~35	14~38	14~42	15~45	16~48	17~51	18~54	19~57
		10~30	11~33	11~37	12~40	13~43	13~47	14~50	15~53	15~57	16~60
			10~34	10~38	11~41	11~45	12~48	12~52	13~55	13~59	14~62
5	19~36	20~40	21~44	23~47	24~51	26~54	27~58	28~62	30~65	31~69	33~72
	17~38	18~42	20~45	21~49	22~53	23~57	24~61	26~64	27~68	28~72	29~76
	16~39	17~43	18~47	19~51	20~55	21~59	22~63	23~67	24~71	25~75	26~79
	15~40	16~44	16~49	17~53	18~57	19~61	20~65	21~69	22~73	22~78	23~82
6	28~50	29~55	31~59	33~63	35~67	37~71	38~76	40~80	42~84	44~88	46~92
	26~52	27~57	29~61	31~65	32~70	34~74	35~79	37~83	38~88	40~92	42~96
	24~54	25~59	27~63	28~68	29~73	30~78	32~82	33~87	34~92	36~96	37~101
	23~55	24~60	25~65	26~70	27~75	28~80	30~84	31~89	32~94	33~99	32~104

续表

n_1(较小 n)	$n_2 - n_1$										
	0	1	2	3	4	5	6	7	8	9	10
7	39~66	41~71	43~76	45~81	47~86	49~81	52~95	54~100	46~105	58~110	61~114
	36~69	38~74	40~79	42~84	44~89	46~94	48~99	50~104	52~109	54~114	56~119
	34~71	35~77	37~80	39~87	40~93	42~98	44~103	45~109	47~114	49~119	51~124
	32~73	34~78	35~84	37~89	38~95	40~100	41~106	43~111	44~117	45~122	47~128
8	51~85	54~90	56~96	59~101	62~106	64~112	67~117	69~123	72~128	75~133	77~139
	49~87	51~93	53~99	55~105	58~110	60~116	62~122	65~127	67~133	70~138	72~144
	45~91	47~97	49~103	51~109	53~115	56~120	58~126	60~132	62~138	64~144	66~150
	43~93	45~99	47~105	49~111	51~117	53~123	54~130	56~136	58~142	60~148	62~154
9	66~105	69~111	72~117	75~123	78~129	81~135	84~141	87~147	90~153	93~159	96~165
	62~109	65~115	68~121	71~127	73~134	76~140	79~146	82~152	84~159	87~165	90~171
	59~112	61~119	63~126	66~132	68~139	71~145	73~152	76~158	78~165	81~171	83~178
	56~115	58~122	61~128	63~135	65~142	67~149	69~156	72~162	74~169	76~176	78~183
10	82~128	86~134	89~141	92~148	96~154	99~161	103~167	106~174	110~180	113~187	117~193
	78~132	81~139	74~146	88~152	91~159	94~166	97~173	100~180	103~187	107~193	110~200
	74~136	77~143	79~151	82~158	85~165	88~172	91~179	93~187	96~194	99~201	102~208
	71~139	73~147	76~154	79~161	81~169	84~176	86~184	89~191	92~198	94~206	97~213

附表 15　秩和检验用 H 临界值表(三样本比较)

n	n_1	n_2	n_3	p	
				0.05	0.01
7	3	2	2	4.71	
	3	3	1	5.14	
8	3	3	2	5.36	
	4	2	2	5.33	
	4	3	1	5.21	
	5	2	1	5.00	
9	3	3	3	5.60	7.20
	4	3	2	5.44	6.44
	4	4	1	4.97	6.67
	5	2	2	5.16	6.53
	5	3	1	4.96	
10	4	3	3	5.73	6.75
	4	4	2	5.49	7.04
	5	3	2	5.25	6.82

续表

n	n_1	n_2	n_3	p	
				0.05	0.01
	5	4	1	4.99	6.95
11	4	4	3	5.60	7.14
	5	3	3	5.65	7.08
	5	4	2	5.27	7.12
	5	5	1	5.13	7.31
12	4	4	4	5.69	7.65
	5	4	3	5.63	7.44
	5	5	2	5.34	7.27
13	5	4	4	5.42	7.76
	5	5	3	5.71	7.54
14	5	5	4	5.64	7.79
15	5	5	5	5.78	7.98

附表 16　等级相关系数 r_s 临界值表

n	单侧	0.10	0.05	0.025	0.01	0.005
	双侧	0.20	0.10	0.05	0.02	0.01
4		1.000	1.000	—	—	—
5		0.800	0.900	1.000	1.000	—
6		0.657	0.829	0.886	0.943	1.000
7		0.571	0.714	0.786	0.893	0.929
8		0.524	0.643	0.738	0.833	0.881
9		0.483	0.600	0.700	0.783	0.833
10		0.455	0.564	0.648	0.745	0.794
11		0.427	0.536	0.618	0.709	0.755
12		0.406	0.503	0.587	0.678	0.727
13		0.385	0.484	0.560	0.648	0.703
14		0.367	0.464	0.538	0.626	0.679
15		0.354	0.446	0.521	0.604	0.654
16		0.341	0.429	0.503	0.582	0.635
17		0.328	0.414	0.485	0.566	0.615
18		0.317	0.401	0.472	0.550	0.600
19		0.309	0.391	0.460	0.535	0.584
20		0.299	0.380	0.447	0.520	0.570

n	单侧 双侧	0.10 0.20	0.05 0.10	0.025 0.05	0.01 0.02	0.005 0.01
21		0.292	0.370	0.435	0.508	0.556
22		0.284	0.361	0.425	0.496	0.544
23		0.278	0.353	0.415	0.486	0.532
24		0.271	0.344	0.406	0.476	0.521
25		0.265	0.337	0.398	0.466	0.511
26		0.259	0.331	0.390	0.457	0.501
27		0.255	0.324	0.382	0.448	0.491
28		0.250	0.317	0.375	0.440	0.483
29		0.245	0.312	0.368	0.433	0.475
30		0.240	0.306	0.362	0.425	0.467
31		0.236	0.301	0.356	0.418	0.459
32		0.232	0.296	0.350	0.412	0.452
33		0.229	0.291	0.345	0.405	0.446
34		0.225	0.287	0.340	0.399	0.439
35		0.222	0.283	0.335	0.394	0.433
36		0.219	0.279	0.330	0.388	0.427
37		0.216	0.275	0.325	0.382	0.421
38		0.212	0.271	0.321	0.378	0.415
39		0.210	0.267	0.317	0.373	0.410
40		0.207	0.264	0.313	0.368	0.405
41		0.204	0.261	0.309	0.364	0.400
42		0.202	0.257	0.305	0.359	0.395
43		0.199	0.254	0.301	0.355	0.391
44		0.197	0.251	0.298	0.351	0.386
45		0.194	0.248	0.294	0.347	0.382
46		0.192	0.246	0.291	0.343	0.378
47		0.190	0.243	0.288	0.340	0.374
48		0.188	0.240	0.285	0.336	0.370
49		0.186	0.238	0.282	0.333	0.366
50		0.184	0.235	0.279	0.329	0.363
60		—	0.214	0.255	0.300	0.331
70		—	0.198	0.235	0.278	0.307
80		—	0.185	0.220	0.260	0.287
90		—	0.174	0.207	0.245	0.271
100		—	0.165	0.197	0.233	0.257

附表 17　随机数字表

03	47	44	73	86	36	96	47	36	61	46	98	63	71	62	33	26	16	80	45	60	11	14	10	95
97	74	24	67	62	42	81	14	57	20	42	53	32	37	32	27	07	36	07	51	24	51	79	89	73
16	76	62	27	66	56	50	26	71	07	32	90	79	78	53	13	55	38	58	59	88	97	54	14	10
12	56	85	99	26	96	96	68	27	31	05	03	72	93	15	57	12	10	14	21	88	26	49	81	76
55	59	56	35	64	38	54	82	46	22	31	62	43	09	90	06	18	44	32	53	23	83	01	50	30
16	22	77	94	39	49	54	43	54	82	17	37	93	23	78	87	35	20	96	43	84	26	34	91	64
84	42	17	53	31	57	24	55	06	88	77	04	74	47	67	21	76	33	50	25	83	92	12	06	76
63	01	63	78	59	16	95	55	67	19	98	10	50	71	75	12	86	73	58	07	44	39	52	38	79
33	21	12	34	29	78	64	56	07	82	52	42	07	44	38	15	51	00	13	42	99	66	02	79	54
57	60	86	32	44	09	47	27	96	54	49	17	46	09	62	90	52	84	77	27	08	02	73	43	28
18	18	07	92	46	44	17	16	58	09	79	83	86	19	62	06	76	50	03	10	55	23	64	05	05
26	62	38	97	75	84	16	07	44	99	83	11	46	32	24	20	14	85	88	45	10	93	72	88	71
23	43	40	64	74	82	97	77	77	81	07	45	32	14	08	32	98	94	07	72	93	83	79	10	75
52	36	28	19	95	50	92	26	11	97	00	56	76	31	38	80	22	02	53	53	86	60	42	04	53
37	85	94	35	12	43	39	50	08	30	42	34	07	96	88	54	42	06	87	98	35	85	29	48	39
70	29	17	12	13	40	33	20	38	26	13	89	51	03	74	17	76	37	13	04	07	74	21	19	30
56	62	18	37	35	96	83	50	87	75	97	12	25	93	47	70	33	24	03	54	97	77	46	44	80
99	49	57	22	77	88	42	95	45	72	16	64	36	16	00	04	43	18	66	79	94	77	24	21	90
16	08	15	04	72	33	27	14	34	09	45	59	34	68	49	12	72	07	34	45	99	27	72	95	14
31	16	93	32	43	50	27	89	87	19	20	15	37	00	49	52	85	66	60	44	38	68	88	11	30
68	34	30	13	70	55	74	30	77	40	44	22	78	84	26	04	33	46	09	52	68	07	97	06	57
74	57	25	65	76	59	29	97	68	60	71	91	38	67	54	03	58	18	24	76	15	54	55	95	52
27	42	37	86	53	48	55	90	65	72	96	57	69	36	30	96	46	92	42	45	97	60	49	04	91
00	39	68	29	61	66	37	32	20	30	77	84	57	03	29	10	45	65	04	26	11	04	96	67	24
29	94	98	94	24	68	49	69	10	82	53	75	91	93	30	34	25	20	57	27	40	48	73	51	92
16	90	82	66	59	83	62	64	11	12	69	19	00	71	74	60	47	21	28	68	02	02	37	03	31
11	27	94	75	06	06	09	19	74	66	02	94	37	34	02	76	70	90	30	86	38	45	94	30	38
35	24	10	16	20	33	32	51	26	38	79	78	45	04	91	16	92	53	56	16	02	75	50	95	98
38	23	16	86	38	42	38	97	01	50	87	75	66	81	41	40	01	74	91	62	48	51	84	08	32
31	96	25	91	47	96	44	33	49	13	34	86	82	53	91	00	52	43	48	85	27	55	26	89	62
66	67	40	67	12	64	05	81	95	86	11	05	65	09	68	76	83	20	37	90	57	16	00	11	66
14	90	84	45	11	75	73	88	05	90	52	27	41	14	86	22	98	12	22	08	07	52	74	95	80
68	05	51	58	00	33	96	02	75	19	07	60	62	93	55	59	33	82	43	90	49	37	38	44	59
20	46	78	73	90	97	51	40	14	02	04	02	33	31	08	39	54	16	49	36	47	95	93	13	30
64	19	58	97	79	15	06	15	93	20	01	90	10	75	06	40	78	78	89	62	02	67	74	17	33

05	26	93	70	60	22	35	85	15	13	92	03	51	59	77	59	56	78	06	83	52	91	05	70	74
07	97	10	88	23	09	98	42	99	64	61	71	63	99	15	06	51	29	16	93	58	05	77	09	51
68	71	86	85	85	54	87	66	47	54	73	32	08	11	12	44	95	92	63	16	29	56	24	29	48
26	99	61	65	53	58	37	78	80	70	42	10	50	67	42	32	17	55	85	74	94	44	67	16	94
14	65	52	68	75	87	59	36	22	41	26	78	63	06	55	13	08	27	01	50	15	29	39	39	43
17	53	77	58	71	71	41	61	50	82	12	41	94	96	26	44	95	27	36	99	02	96	74	30	82
90	26	59	21	19	23	52	23	33	12	96	93	02	18	39	07	02	18	36	07	25	99	32	70	23
41	23	52	55	99	31	04	49	69	96	10	47	48	45	88	13	41	43	89	20	97	17	14	49	17
90	20	50	81	69	31	99	73	68	68	35	81	33	03	76	24	30	12	48	60	18	99	10	72	34
91	25	38	05	90	94	58	28	41	36	45	37	59	03	09	90	35	57	29	12	82	62	54	65	60
34	50	57	74	37	98	80	33	00	91	09	77	93	19	82	79	94	80	04	04	45	07	31	66	49
85	22	04	39	43	73	81	53	94	79	33	62	46	86	28	08	31	54	46	31	53	94	13	38	47
09	79	13	77	48	73	82	97	22	21	05	03	27	24	83	72	89	44	05	60	35	80	39	94	88
88	75	80	18	14	22	95	75	42	49	39	32	82	22	49	02	48	07	70	37	16	04	61	67	87
60	96	23	70	00	39	00	03	06	90	55	85	78	38	36	94	37	30	69	32	90	89	00	76	33
53	74	23	99	67	61	02	28	69	84	94	62	67	86	24	98	33	41	19	95	47	53	53	38	09
63	38	06	86	54	90	00	65	26	94	02	32	90	23	07	79	62	67	80	60	75	91	12	81	19
35	30	58	21	46	06	72	17	10	94	25	21	31	75	96	49	28	24	00	49	55	65	79	78	07
63	45	36	82	69	65	51	18	37	98	31	38	44	12	45	32	82	85	88	65	54	34	81	85	35
98	25	37	55	28	01	91	82	61	46	74	71	12	94	97	24	02	71	37	07	03	92	18	66	75
02	63	21	17	69	71	50	80	89	56	38	15	70	11	48	43	40	45	86	98	00	83	26	21	03
64	55	22	21	82	48	22	28	06	00	01	54	13	43	91	82	78	12	23	29	06	66	24	12	27
85	07	26	13	89	01	10	07	82	04	09	63	69	36	03	69	11	15	53	80	13	29	45	19	28
58	54	16	24	15	51	54	44	82	00	82	61	65	04	69	38	18	65	18	97	85	72	13	49	21
32	85	27	84	87	61	48	64	56	26	90	18	48	13	26	37	70	15	42	57	65	65	80	39	07
03	92	18	27	46	57	99	16	96	56	00	33	72	85	22	84	64	38	56	98	99	01	30	98	64
62	95	30	27	59	57	75	41	66	48	86	97	80	61	45	23	53	04	01	63	45	76	08	64	27
08	45	93	15	22	60	21	75	46	91	98	77	27	85	42	28	88	61	08	84	69	62	03	42	73
07	08	55	18	40	45	44	75	13	90	24	94	96	61	02	57	55	66	83	15	73	42	37	11	61
01	85	89	95	66	51	10	19	34	88	15	84	97	19	75	12	76	39	43	78	64	63	91	08	25
72	84	71	14	35	19	11	58	49	26	50	11	17	17	76	86	31	57	20	18	95	60	78	46	78
88	78	28	16	84	13	52	53	94	53	75	45	69	30	96	73	89	65	70	31	99	17	43	48	70
45	17	75	65	57	28	40	19	72	12	25	12	73	75	67	90	40	60	81	19	24	62	01	61	16
96	76	28	12	54	22	01	11	94	25	71	96	16	16	88	68	64	36	74	45	19	59	50	88	92
43	31	67	72	30	24	02	94	08	63	38	32	36	66	02	69	36	38	25	39	48	03	45	15	22
50	44	66	44	21	66	06	58	05	62	68	15	54	38	02	42	35	48	96	32	14	52	41	52	48

续表

22 66 22 15 86	26 63 75 41 99	58 42 36 72 24	58 37 52 18 51	03 37 18 39 11
96 24 40 14 51	23 22 30 88 57	95 67 47 29 83	94 69 30 06 07	18 16 38 78 85
31 73 91 61 91	60 20 72 93 48	98 57 07 23 69	65 95 39 69 48	56 80 30 19 44
78 60 73 99 84	43 89 94 36 45	56 69 47 07 41	90 22 91 07 12	78 35 34 08 72
84 37 90 61 56	70 10 23 98 05	85 11 34 76 60	76 48 45 34 60	01 64 18 30 96
36 67 10 08 23	98 93 35 08 86	99 29 76 29 81	33 34 91 58 93	63 14 44 99 81
07 28 59 07 48	89 64 58 89 75	83 85 62 27 89	30 14 78 56 27	86 63 59 80 02
10 15 83 87 66	79 24 31 66 56	21 48 24 06 93	91 98 94 05 49	01 47 59 38 00
56 19 68 97 65	03 73 52 16 56	00 53 55 90 87	33 42 29 38 87	22 15 88 83 34
53 81 29 13 39	35 01 20 71 34	62 35 74 82 14	55 73 19 09 03	56 54 29 56 93
51 86 32 68 92	33 98 74 66 99	40 14 71 94 58	45 94 49 38 81	14 44 99 81 07
35 91 70 29 13	80 03 54 07 27	96 94 78 32 66	50 95 52 74 33	13 80 55 62 54
37 71 67 95 13	20 02 44 95 94	64 85 04 05 72	01 32 90 76 14	53 89 74 60 41
93 66 13 83 27	92 79 64 64 77	28 54 96 53 84	48 14 52 98 84	56 07 93 89 30
02 96 08 45 65	13 05 00 41 84	93 07 34 72 59	21 45 57 09 77	19 48 56 27 44
49 33 43 48 35	82 88 33 69 96	72 36 04 19 76	47 45 15 18 60	82 11 08 95 97
84 60 71 62 46	40 80 81 30 37	34 39 23 05 38	25 15 35 71 30	88 12 57 21 77
18 17 30 88 71	44 91 14 88 47	89 23 30 63 15	56 54 20 47 89	99 82 93 24 98
79 69 10 61 78	71 32 76 95 62	87 00 22 58 40	92 54 01 75 25	43 11 71 99 31
75 93 36 87 83	56 20 14 82 11	74 21 97 90 65	96 12 68 63 86	74 54 13 26 94
38 30 92 29 03	06 28 81 39 38	62 25 06 84 63	61 29 08 93 67	04 32 92 08 09
51 29 50 10 34	31 57 75 95 80	51 97 02 74 77	76 15 48 49 44	18 55 63 77 09
21 61 38 86 24	37 79 81 53 74	73 24 16 10 33	52 83 90 94 76	70 47 14 54 36
29 01 23 87 88	58 02 39 37 67	42 10 14 20 92	16 55 23 42 45	54 96 09 11 06
95 33 95 22 00	18 74 72 00 18	38 79 58 69 32	81 76 80 26 82	82 80 84 25 39
90 84 60 79 80	24 36 59 87 38	82 07 53 89 35	96 35 23 79 18	05 98 90 07 35
46 40 62 98 82	54 97 20 56 95	15 74 80 08 32	10 46 70 50 80	67 72 16 42 79
20 31 89 03 43	38 46 82 68 72	32 12 82 59 70	80 60 47 18 97	63 49 30 21 38
71 59 73 03 50	08 22 23 71 77	01 01 93 20 49	82 96 59 26 94	60 39 67 98 68

附表 18 常用正交表

$(1) L_4(2^3)$

试验号	列 号		
	1	2	3
1	1	1	1
2	1	2	2
3	2	1	2
4	2	2	1

注:任意二列的交互作用列为另一列。

$(2) L_8(2^7)$

试验号	列 号						
	1	2	3	4	5	6	7
1	1	1	1	1	1	1	1
2	1	1	1	2	2	2	2
3	1	2	2	1	1	2	2
4	1	2	2	2	2	1	1
5	2	1	2	1	2	1	2
6	2	1	2	2	1	2	1
7	2	2	1	1	2	2	1
8	2	2	1	2	1	1	2

$L_8(2^7)$ 二列间的交互作用表

1	2	3	4	5	6	7	列号
(1)	3	2	5	4	7	6	1
	(2)	1	6	7	4	5	2
		(3)	7	6	5	4	3
			(4)	1	2	3	4
				(5)	3	2	5
					(6)	1	6
						(7)	7

(3) $L_9(3^4)$

试验号	列　号			
	1	2	3	4
1	1	1	1	1
2	1	2	2	2
3	1	3	3	3
4	2	1	2	3
5	2	2	3	1
6	2	3	1	2
7	3	1	3	2
8	3	2	1	3
9	3	3	2	1

注:任意二列的交互作用列为另外二列。

(4) $L_{16}(2^{15})$

试验号	列　号														
	1	2	3	4	5	6	7	8	9	10	11	12	13	14	15
1	1	1	1	1	1	1	1	1	1	1	1	1	1	1	1
2	1	1	1	1	1	1	1	2	2	2	2	2	2	2	2
3	1	1	1	2	2	2	2	1	1	1	1	2	2	2	2
4	1	1	1	2	2	2	2	2	2	2	2	1	1	1	1
5	1	2	2	1	1	2	2	1	1	2	2	1	1	2	2
6	1	2	2	1	1	2	2	2	2	1	1	2	2	1	1
7	1	2	2	2	2	1	1	1	1	2	2	2	2	1	1
8	1	2	2	2	2	1	1	2	2	1	1	1	1	2	2
9	2	1	2	1	2	1	2	1	2	1	2	1	2	1	2
10	2	1	2	1	2	1	2	2	1	2	1	2	1	2	1
11	2	1	2	2	1	2	1	1	2	1	2	2	1	2	1
12	2	1	2	2	1	2	1	2	1	2	1	1	2	1	2
13	2	2	1	1	2	2	1	1	2	2	1	1	2	2	1
14	2	2	1	1	2	2	1	2	1	1	2	2	1	1	2
15	2	2	1	2	1	1	2	1	2	2	1	2	1	1	2
16	2	2	1	2	1	1	2	2	1	1	2	1	2	2	1

$L_{16}(2^{16})$ 二列间的交互作用表

1	2	3	4	5	6	7	8	9	10	11	12	13	14	15	列号
(1)	3	2	5	4	7	6	9	8	11	10	13	12	15	14	1
	(2)	1	6	7	4	5	10	11	8	9	14	15	12	13	2
		(3)	7	6	5	4	11	10	9	8	15	14	13	12	3
			(4)	1	2	3	12	13	14	15	8	9	10	11	4
				(5)	3	2	13	12	15	14	9	8	11	10	5
					(6)	1	14	15	12	13	10	11	8	9	6
						(7)	15	14	13	12	11	10	9	8	7
							(8)	1	2	3	4	5	6	7	8
								(9)	3	2	5	4	7	6	9
									(10)	1	6	7	4	5	10
										(11)	7	6	5	4	11
											(12)	1	2	3	12
												(13)	3	2	13
													(14)	1	14
														(15)	15

(5) $L_{16}(4^5)$

试验号	列　号				
	1	2	3	4	5
1	1	1	1	1	1
2	1	2	2	2	2
3	1	3	3	3	3
4	1	4	4	4	4
5	2	1	2	3	4
6	2	2	1	4	3
7	2	3	4	1	2
8	2	4	3	2	1
9	3	1	3	4	2
10	3	2	4	3	1
11	3	3	1	2	4
12	3	4	2	1	3
13	4	1	4	2	3

续表

试验号	列　　号				
	1	2	3	4	5
14	4	2	3	1	4
15	4	3	2	4	1
16	4	4	1	3	2

注:任意二列的交互作用列为另外三列。

$$(6)\, L_{27}(3^{13})$$

试验号	列　号												
	1	2	3	4	5	6	7	8	9	10	11	12	13
1	1	1	1	1	1	1	1	1	1	1	1	1	1
2	1	1	1	1	2	2	2	2	2	2	2	2	2
3	1	1	1	1	3	3	3	3	3	3	3	3	3
4	1	2	2	2	1	1	1	2	2	2	3	3	3
5	1	2	2	2	2	2	2	3	3	3	1	1	1
6	1	2	2	2	3	3	3	1	1	1	2	2	2
7	1	3	3	3	1	1	1	3	3	3	2	2	2
8	1	3	3	3	2	2	2	1	1	1	3	3	3
9	1	3	3	3	3	3	3	2	2	2	1	1	1
10	2	1	2	3	1	2	3	1	2	3	1	2	3
11	2	1	2	3	2	3	1	2	3	1	2	3	1
12	2	1	2	3	3	1	2	3	1	2	3	1	2
13	2	2	3	1	1	2	3	2	3	1	3	1	2
14	2	2	3	1	2	3	1	3	1	2	1	2	3
15	2	2	3	1	3	1	2	1	2	3	2	3	1
16	2	3	1	2	1	2	3	3	1	2	2	3	1
17	2	3	1	2	2	3	1	1	2	3	3	1	2
18	2	3	1	2	3	1	2	2	3	1	1	2	3
19	3	1	3	2	1	3	2	1	3	2	1	3	2
20	3	1	3	2	2	1	3	2	1	3	2	1	3

续表

试验号	列　号												
	1	2	3	4	5	6	7	8	9	10	11	12	13
21	3	1	3	2	3	2	1	3	2	1	3	2	1
22	3	2	1	3	1	3	2	2	1	3	3	2	1
23	3	2	1	3	2	1	3	3	2	1	1	3	2
24	3	2	1	3	3	2	1	1	3	2	2	1	3
25	3	3	2	1	1	3	2	3	2	1	2	1	3
26	3	3	2	1	2	1	3	1	3	2	3	2	1
27	3	3	2	1	3	2	1	2	1	3	1	3	2

$L_{27}(3^{13})$ 二列间的交互作用表

1	2	3	4	5	6	7	8	9	10	11	12	13	列号
(1)	3,4	2,4	2,3	6,7	5,7	5,6	9,10	8,10	8,9	12,13	11,13	11,12	1
	(2)	1,4	1,3	8,11	9,12	10,13	5,11	6,12	7,13	5,8	6,9	7,10	2
		(3)	1,2	9,13	10,11	8,12	7,12	5,13	6,11	6,10	7,8	5,9	3
			(4)	10,12	8,13	9,11	6,13	7,11	5,12	7,9	5,10	6,8	4
				(5)	1,7	1,6	2,11	3,13	4,12	2,8	4,10	3,9	5
					(6)	1,5	4,13	2,12	3,11	3,10	2,9	4,8	6
						(7)	3,12	4,11	2,13	4,9	3,8	2,10	7
							(8)	1,10	1,9	2,5	3,7	4,6	8
								(9)	1,8	4,7	2,6	3,5	9
									(10)	3,6	4,5	2,7	10
										(11)	1,13	1,12	11
											(12)	1,11	12

$(7) L_{25}(5^6)$

试验号	列　号					
	1	2	3	4	5	6
1	1	1	1	1	1	1
2	1	2	2	2	2	2
3	1	3	3	3	3	3
4	1	4	4	4	4	4
5	1	5	5	5	5	5
6	2	1	2	3	4	5
7	2	2	3	4	5	1
8	2	3	4	5	1	2
9	2	4	5	1	2	3
10	2	5	1	2	3	4
11	3	1	3	5	2	4
12	3	2	4	1	3	5
13	3	3	5	2	4	1
14	3	4	1	3	5	2
15	3	5	2	4	1	3
16	4	1	4	2	5	3
17	4	2	5	3	1	4
18	4	3	1	4	2	5
19	4	4	2	5	3	1
20	4	5	3	1	4	2
21	5	1	5	4	3	2
22	5	2	1	5	4	3
23	5	3	2	1	5	4
24	5	4	3	2	1	5
25	5	5	4	3	2	1

注:任意二列间的交互作用列为另外四列。

(8) $L_8(4 \times 2^4)$

试验号	列 号				
	1	2	3	4	5
1	1	1	1	1	1
2	1	2	2	2	2
3	2	1	1	2	2
4	2	2	2	1	1
5	3	1	2	1	2
6	3	2	1	2	1
7	4	1	2	2	1
8	4	2	1	1	2

(9) $L_9(2^1 \times 3^3)$

试验号	列 号			
	1	2	3	4
1	1	1	1	1
2	1	2	2	2
3	1	3	3	3
4	1	1	2	3
5	1	2	3	1
6	1	3	1	2
7	2	1	3	2
8	2	2	1	3
9	2	3	2	1

(10) $L_9(2^2 \times 3^2)$

试验号	列 号			
	1	2	3	4
1	1	1	1	1
2	1	1	2	2
3	1	2	3	3
4	1	1	2	3
5	1	1	3	1
6	1	2	1	2
7	2	1	3	2
8	2	1	1	3
9	2	2	2	1

$(11) L_{12}(3^1 \times 2^4)$

试验号	列　号				
	1	2	3	4	5
1	1	1	1	1	1
2	1	1	1	2	2
3	1	2	2	1	2
4	1	2	2	2	1
5	2	1	2	1	1
6	2	1	2	2	2
7	2	2	1	1	1
8	2	2	1	2	2
9	3	1	2	1	2
10	3	1	1	2	1
11	3	2	1	1	2
12	3	2	2	2	1

$(12) L_{12}(6^1 \times 2^2)$

试验号	列　号		
	1	2	3
1	2	1	1
2	5	1	2
3	5	2	1
4	2	2	2
5	4	1	1
6	1	1	2
7	1	2	1
8	4	2	2
9	3	1	1
10	6	1	2
11	6	2	1
12	3	2	2

$(13)\,L_{16}(4^1 \times 2^{12})$

试验号	列 号												
	1	2	3	4	5	6	7	8	9	10	11	12	13
1	1	1	1	1	1	1	1	1	1	1	1	1	1
2	1	1	1	1	1	2	2	2	2	2	2	2	2
3	1	2	2	2	2	1	1	1	1	2	2	2	2
4	1	2	2	2	2	2	2	2	2	1	1	1	1
5	2	1	1	2	2	1	1	2	2	1	1	2	2
6	2	1	1	2	2	2	2	1	1	2	2	1	1
7	2	2	2	1	1	1	1	2	2	2	2	1	1
8	2	2	2	1	1	2	2	1	1	1	1	2	2
9	3	1	2	1	2	1	2	1	2	1	2	1	2
10	3	1	2	1	2	2	1	2	1	2	1	2	1
11	3	2	1	2	1	1	2	1	2	2	1	2	1
12	3	2	1	2	1	2	1	2	1	1	2	1	2
13	4	1	2	2	1	1	2	2	1	1	2	2	1
14	4	1	2	2	1	2	1	1	2	2	1	1	2
15	4	2	1	1	2	1	2	2	1	2	1	1	2
16	4	2	1	1	2	2	1	1	2	1	2	2	1

注: $L_{16}(4^1 \times 2^{12})$, $L_{16}(4^2 \times 2^9)$, $L_{16}(4^3 \times 2^6)$, $L_{16}(4^4 \times 2^3)$ 均由 $L_{16}(2^{15})$ 并列得到。

$(14)\,L_{16}(8^1 \times 2^8)$

试验号	列 号								
	1	2	3	4	5	6	7	8	9
1	1	1	1	1	1	1	1	1	1
2	1	2	2	2	2	2	2	2	2
3	2	1	1	1	1	2	2	2	2
4	2	2	2	2	2	1	1	1	1
5	3	1	1	2	2	1	1	2	2
6	3	2	2	1	1	2	2	1	1
7	4	1	1	2	2	2	2	1	1
8	4	2	2	1	1	1	1	2	2

续表

试验号	列 号								
	1	2	3	4	5	6	7	8	9
9	5	1	2	1	2	1	2	1	2
10	5	2	1	2	1	2	1	2	1
11	6	1	2	1	2	2	1	2	1
12	6	2	1	2	1	1	2	1	2
13	7	1	2	2	1	1	2	2	1
14	7	2	1	1	2	2	1	1	2
15	8	1	2	2	1	2	1	1	2
16	8	2	1	1	2	1	2	2	1

$$(15)\ L_{16}(3^1 \times 2^{13})$$

试验号	列 号													
	1	2	3	4	5	6	7	8	9	10	11	12	13	14
1	1	1	1	1	1	1	1	1	1	1	1	1	1	1
2	1	1	1	1	1	1	2	2	2	2	2	2	2	2
3	1	1	2	2	2	2	1	1	1	1	2	2	2	2
4	1	1	2	2	2	2	2	2	2	2	1	1	1	1
5	1	2	1	1	2	2	1	1	2	2	1	1	2	2
6	1	2	1	1	2	2	2	1	1	2	2	1	1	1
7	1	2	2	2	1	1	1	1	2	2	2	2	1	1
8	1	2	2	2	1	1	2	2	1	1	1	1	2	2
9	2	2	1	2	1	2	1	2	1	2	1	2	1	2
10	2	2	1	2	1	2	1	2	2	1	2	1	2	1
11	2	2	2	1	2	1	1	2	1	2	2	1	2	1
12	2	2	2	1	2	1	2	1	2	1	1	2	1	2
13	2	3	1	2	2	1	1	2	2	1	1	2	2	1
14	2	3	1	2	2	1	2	1	1	2	2	1	1	2
15	2	3	2	1	1	2	1	2	2	1	2	1	1	2
16	2	3	2	1	1	2	2	1	1	2	1	2	2	1

$(16)\,L_{16}(3^2 \times 2^{11})$

试验号	列 号												
	1	2	3	4	5	6	7	8	9	10	11	12	13
1	1	1	1	1	1	1	1	1	1	1	1	1	1
2	1	1	1	1	1	2	2	2	2	2	2	2	2
3	1	1	2	2	2	1	1	1	1	2	2	2	2
4	1	1	2	2	2	2	2	2	2	1	1	1	1
5	1	2	1	2	2	1	1	2	2	1	1	2	2
6	1	2	1	2	2	2	2	1	1	2	2	1	1
7	1	2	2	1	1	1	1	2	2	2	2	1	1
8	1	2	2	1	1	2	2	1	1	1	1	2	2
9	2	2	2	1	2	1	2	1	2	1	2	1	2
10	2	2	2	1	2	2	1	2	1	2	1	2	1
11	2	2	3	2	1	1	2	1	2	2	1	2	1
12	2	2	3	2	1	2	1	2	1	1	2	1	2
13	2	3	2	2	1	1	2	2	1	1	2	2	1
14	2	3	2	2	1	2	1	1	2	2	1	1	2
15	2	3	3	1	2	1	2	2	1	2	1	1	2
16	2	3	3	1	2	2	1	1	2	1	2	2	1

$(17)\,L_{16}(3^3 \times 2^9)$

试验号	列 号											
	1	2	3	4	5	6	7	8	9	10	11	12
1	1	1	1	1	1	1	1	1	1	1	1	1
2	1	1	1	1	1	2	2	2	2	2	2	2
3	1	1	2	2	2	1	1	1	2	2	2	2
4	1	1	2	2	2	2	2	2	1	1	1	1
5	1	2	1	2	2	1	2	2	1	1	2	2
6	1	2	1	2	2	2	1	1	2	2	1	1
7	1	2	2	1	1	1	2	2	2	2	1	1
8	1	2	2	1	1	2	1	1	1	1	2	2
9	2	2	2	1	2	2	1	2	1	2	1	2
10	2	2	2	1	2	3	2	1	2	1	2	1
11	2	2	3	2	1	2	1	2	2	1	2	1

续表

试验号	列 号											
	1	2	3	4	5	6	7	8	9	10	11	12
12	2	2	3	2	1	3	2	1	1	2	1	2
13	2	3	2	2	1	2	2	1	1	2	2	1
14	2	3	2	2	1	3	1	2	2	1	1	2
15	2	3	3	1	2	2	2	1	2	1	1	2
16	2	3	3	1	2	3	1	2	1	2	2	1

$$(18)\, L_{18}(2^1 \times 3^7)$$

试验号	列 号							
	1	2	3	4	5	6	7	8
1	1	1	1	1	1	1	1	1
2	1	1	2	2	2	2	2	2
3	1	1	3	3	3	3	3	3
4	1	2	1	1	2	2	3	3
5	1	2	2	2	3	3	1	1
6	1	2	3	3	1	1	2	2
7	1	3	1	2	1	3	2	3
8	1	3	2	3	2	1	3	1
9	1	3	3	1	3	2	1	2
10	2	1	1	3	3	2	2	1
11	2	1	2	1	1	3	3	2
12	2	1	3	2	2	1	1	3
13	2	2	1	2	3	1	3	2
14	2	2	2	3	1	2	1	3
15	2	2	3	1	2	3	2	1
16	2	3	1	3	2	3	1	2
17	2	3	2	1	3	1	2	3
18	2	3	3	2	1	2	3	1

注:将第 1 列划去,便是非标准表 $L_{18}(3^7)$。

$(19) L_{18}(6^1 \times 3^6)$

试验号	列 号						
	1	2	3	4	5	6	7
1	1	1	1	1	1	1	1
2	1	2	2	2	2	2	2
3	1	3	3	3	3	3	3
4	2	1	1	2	2	3	3
5	2	2	2	3	3	1	1
6	2	3	3	1	1	2	2
7	3	1	2	1	3	2	3
8	3	2	3	2	1	3	1
9	3	3	1	3	2	1	2
10	4	1	3	3	2	2	1
11	4	2	1	1	3	3	2
12	4	3	2	2	1	1	3
13	5	1	2	3	1	3	2
14	5	2	3	1	2	1	3
15	5	3	1	2	3	2	1
16	6	1	3	2	3	1	2
17	6	2	1	3	1	2	3
18	6	3	2	1	2	3	1

附表 19 均匀设计表

$(1) U_5(5^3)$

试验号	列 号		
	1	2	3
1	1	2	4
2	2	4	3
3	3	1	2
4	4	3	1
5	5	5	5

$U_5(5^3)$ 使用表

s	列 号			D
2	1	2		0.310 0
3	1	2	3	0.457 0

$(2) U_6^*(6^4)$

试验号	列 号			
	1	2	3	4
1	1	2	3	6
2	2	4	6	5
3	3	6	2	4
4	4	1	5	3
5	5	3	1	2
6	6	5	4	1

$U_6^*(6^4)$ 使用表

s	列 号				D
2	1	3			0.187 5
3	1	2	3		0.265 6
4	1	2	3	4	0.299 0

$(3) U_7(7^6)$

试验号	列 号					
	1	2	3	4	5	6
1	1	2	3	4	5	6
2	2	4	6	1	3	5
3	3	6	2	5	1	4
4	4	1	5	2	6	3
5	5	3	1	6	4	2
6	6	5	4	3	2	1
7	7	7	7	7	7	7

$U_7(7^6)$ 使用表

s	列 号			D
2	1	3		0.239 8
3	1	2	3	0.372 1
4	1	2	3	6	0.476 0

(4) $U_7^*(7^4)$

试验号	列 号			
	1	2	3	4
1	1	3	5	7
2	2	6	2	6
3	3	1	7	5
4	4	4	4	4
5	5	7	1	3
6	6	2	6	2
7	7	5	3	1

$U_7^*(7^4)$ 使用表

s	列 号			D
2	1	3		0.158 2
3	2	3	4	0.213 2

(5) $U_8^*(8^5)$

试验号	列 号				
	1	2	3	4	5
1	1	2	4	7	8
2	2	4	8	5	7
3	3	6	3	3	6
4	4	8	7	1	5
5	5	1	2	8	4
6	6	3	6	6	3
7	7	5	1	4	2
8	8	7	5	2	1

$U_8^*(8^5)$ 使用表

s	列 号				D
2	1	3			0.144 5
3	1	3	4		0.200 0
4	1	2	3	5	0.270 9

(6) $U_9(9^6)$

试验号	列 号					
	1	2	3	4	5	6
1	1	2	4	5	7	8
2	2	4	8	1	5	7
3	3	6	3	6	3	6
4	4	8	7	2	1	5
5	5	1	2	7	8	4
6	6	3	6	3	6	3
7	7	5	1	8	4	2
8	8	7	5	4	2	1
9	9	9	9	9	9	9

$U_9(9^6)$ 使用表

s	列 号				D
2	1	2			0.194 4
3	1	3	5		0.310 2
4	1	2	3	6	0.406 6

(7) $U_9^*(9^4)$

试验号	列 号			
	1	2	3	4
1	1	3	7	9
2	2	6	4	8
3	3	9	1	7
4	4	2	8	6
5	5	5	5	5
6	6	8	2	4
7	7	1	9	3
8	8	4	6	2
9	9	7	3	1

$U_9^*(9^4)$ 使用表

s	列 号			D
2	1	2		0.157 4
3	2	3	4	0.198 0

（8）$U_{10}^*(10^8)$

试验号	列　号							
	1	2	3	4	5	6	7	8
1	1	2	3	4	5	7	9	10
2	2	4	6	8	10	3	7	9
3	3	6	9	1	4	10	5	8
4	4	8	1	5	9	6	3	7
5	5	10	4	9	3	2	1	6
6	6	1	7	2	8	9	10	5
7	7	3	10	6	2	5	8	4
8	8	5	2	10	7	1	6	3
9	9	7	5	3	1	8	4	2
10	10	9	8	7	6	4	2	1

$U_{10}^*(10^8)$ 使用表

s	列　号						D
2	1	6					0.112 5
3	1	5	6				0.168 1
4	1	3	4	5			0.223 6
5	1	3	4	5	7		0.241 4
6	1	2	3	5	6	8	0.299 4

（9）$U_{11}(11^{10})$

试验号	列　号									
	1	2	3	4	5	6	7	8	9	10
1	1	2	3	4	5	6	7	8	9	10
2	2	4	6	8	10	1	3	5	7	9
3	3	6	9	1	4	7	10	2	5	8
4	4	8	1	5	9	2	6	10	3	7
5	5	10	4	9	3	8	2	7	1	6
6	6	1	7	2	8	3	9	4	10	5
7	7	3	10	6	2	9	5	1	8	4
8	8	5	2	10	7	4	1	9	6	3
9	9	7	5	3	1	10	8	6	4	2
10	10	9	8	7	6	5	4	3	2	1
11	11	11	11	11	11	11	11	11	11	11

$U_{11}(11^{10})$ 使用表

s	列　号						D
2	1	7					0.163 4
3	1	5	7				0.264 9
4	1	2	5	7			0.352 8
5	1	2	3	5	7		0.428 6
6	1	2	3	5	7	10	0.494 2

$(10) U_{11}^{*}(11^{4})$

试验号	列　号			
	1	2	3	4
1	1	5	7	11
2	2	10	2	10
3	3	3	9	9
4	4	8	4	8
5	5	1	11	7
6	6	6	6	6
7	7	11	1	5
8	8	4	8	4
9	9	9	3	3
10	10	2	10	2
11	11	7	5	1

$U_{11}^{*}(11^{4})$ 使用表

s	列　号			D
2	1	2		0.113 6
3	2	3	4	0.230 7

$(11) U_{12}^{*}(12^{10})$

试验号	列　号									
	1	2	3	4	5	6	7	8	9	10
1	1	2	3	4	5	6	8	9	10	12
2	2	4	6	8	10	12	3	5	7	11
3	3	6	9	12	2	5	11	1	4	10
4	4	8	12	3	7	11	6	10	1	9
5	5	10	2	7	12	4	1	6	11	8

试验号	列 号									
	1	2	3	4	5	6	7	8	9	10
6	6	12	5	11	4	10	9	2	8	7
7	7	1	8	2	9	3	4	11	5	6
8	8	3	11	6	1	9	12	7	2	5
9	9	5	1	10	6	2	7	3	12	4
10	10	7	4	1	11	8	2	12	9	3
11	11	9	7	5	3	1	10	8	6	2
12	12	11	10	9	8	7	5	4	3	1

$$U_{12}^{*}(12^{10})使用表$$

s	列 号							D
2	1	5						0.116 3
3	1	6	9					0.183 8
4	1	6	7	9				0.223 3
5	1	3	4	8	10			0.227 2
6	1	2	6	7	8	9		0.267 0
7	1	2	6	7	8	9	10	0.276 8

$$(12)\ U_{13}(13^{12})$$

试验号	列 号											
	1	2	3	4	5	6	7	8	9	10	11	12
1	1	2	3	4	5	6	7	8	9	10	11	12
2	2	4	6	8	10	12	1	3	5	7	9	11
3	3	6	9	12	2	5	8	11	1	4	7	10
4	4	8	12	3	7	11	2	6	10	1	5	9
5	5	10	2	7	11	4	9	1	6	11	3	8
6	6	12	5	11	4	10	3	9	2	8	1	7
7	7	1	8	2	9	3	10	4	11	5	12	6
8	8	3	11	6	1	9	4	12	7	2	10	5
9	9	5	1	10	6	2	11	7	3	12	8	4
10	10	7	4	1	11	8	5	2	12	9	6	3
11	11	9	7	5	3	1	12	10	8	6	4	2
12	12	11	10	9	8	7	6	5	4	3	2	1
13	13	13	13	13	13	13	13	13	13	13	13	13

$U_{13}(13^{12})$ 使用表

s	列 号							D
2	1	5						0.140 5
3	1	3	4					0.230 8
4	1	6	8	10				0.310 7
5	1	6	8	9	10			0.381 4
6	1	2	6	8	9	10		0.443 9
7	1	2	6	8	9	10	12	0.499 2

$(13)\,U_{13}^{*}(13^{4})$

试验号	列 号			
	1	2	3	4
1	1	5	9	11
2	2	10	4	8
3	3	1	13	5
4	4	6	8	2
5	5	11	3	13
6	6	2	12	10
7	7	7	7	7
8	8	12	2	4
9	9	3	11	1
10	10	8	6	12
11	11	13	1	9
12	12	4	10	6
13	13	9	5	3

$U_{13}^{*}(13^{4})$ 使用表

s	列 号				D
2	1	3			0.096 2
3	1	3	4		0.144 2
4	1	2	3	4	0.207 6

$(14)\,U_{14}^{*}(14^{5})$

试验号	列 号				
	1	2	3	4	5
1	1	4	7	11	13

续表

试验号	列 号				
	1	2	3	4	5
2	2	8	14	7	11
3	3	12	6	3	9
4	4	1	13	14	7
5	5	5	5	10	5
6	6	9	12	6	3
7	7	13	4	2	1
8	8	2	11	13	14
9	9	6	3	9	12
10	10	10	10	5	10
11	11	14	2	1	8
12	12	3	9	12	6
13	13	7	1	8	4
14	14	11	8	4	2

$U_{14}^{*}(14^{5})$ 使用表

s	列 号				D
2	1	4			0.095 7
3	1	2	3		0.145 5
4	1	2	3	5	0.209 1

$(15)\,U_{15}(15^{5})$

试验号	列 号				
	1	2	3	4	5
1	1	4	7	11	13
2	2	8	14	7	11
3	3	12	6	3	9
4	4	1	13	14	7
5	5	5	5	10	5
6	6	9	12	6	3
7	7	13	4	2	1
8	8	2	11	13	14
9	9	6	3	9	12
10	10	10	10	5	10
11	11	14	2	1	8

续表

试验号	列　号				
	1	2	3	4	5
12	12	3	9	12	6
13	13	7	1	8	4
14	14	11	8	4	2
15	15	15	15	15	15

$U_{15}(15^5)$ 使用表

s	列　号				D
2	1	4			0.123 3
3	1	2	3		0.204 3
4	1	2	3	5	0.277 2

$(16)\,U_{15}^*(15^7)$

试验号	列　号						
	1	2	3	4	5	6	7
1	1	5	7	9	11	13	15
2	2	10	14	2	6	10	14
3	3	15	5	11	1	7	13
4	4	4	12	4	12	4	12
5	5	9	3	13	7	1	11
6	6	14	10	6	2	14	10
7	7	3	1	15	13	11	9
8	8	8	8	8	8	8	8
9	9	13	15	1	3	5	7
10	10	2	6	10	14	2	6
11	11	7	13	3	9	15	5
12	12	12	4	12	4	12	4
13	13	1	11	5	15	9	3
14	14	6	2	14	10	6	2
15	15	11	9	7	5	3	1

$U_{15}^*(15^7)$ 使用表

s	列　号					D
2	1	3				0.083 3
3	1	2	6			0.136 1
4	1	2	4	6		0.151 1
5	2	3	4	5	7	0.209 0

（17）$U_{16}^*(16^{12})$

试验号	列　号											
	1	2	3	4	5	6	7	8	9	10	11	12
1	1	2	4	5	6	8	9	10	13	14	15	16
2	2	4	8	10	12	16	1	3	9	11	13	15
3	3	6	12	15	1	7	10	13	5	8	11	14
4	4	8	16	3	7	15	2	6	1	5	9	13
5	5	10	3	8	13	6	11	16	14	2	7	12
6	6	12	7	13	2	14	3	9	10	16	5	11
7	7	14	11	1	8	5	12	2	6	13	3	10
8	8	16	15	6	14	13	4	12	2	10	1	9
9	9	1	2	11	3	4	13	5	15	7	16	8
10	10	3	6	16	9	12	5	15	11	4	14	7
11	11	5	10	4	15	3	14	8	7	1	12	6
12	12	7	14	9	4	11	6	1	3	15	10	5
13	13	9	1	14	10	2	15	11	16	12	8	4
14	14	11	5	2	16	10	7	4	12	9	6	3
15	15	13	9	7	5	1	16	14	8	6	2	2
16	16	15	13	12	11	9	8	7	4	3	2	1

$U_{16}^*(16^{12})$ 使用表

s	列　号						D
2	1	8					0.090 8
3	1	4	6				0.126 2
4	1	4	5	6			0.170 5
5	1	4	5	6	9		0.207 0
6	1	3	5	8	10	11	0.251 8
7	1	2	3	6	9	11	12	0.276 9

$$(18)\,U_{17}(17^8)$$

试验号	列 号							
	1	2	3	4	5	6	7	8
1	1	4	6	9	10	11	14	15
2	2	8	12	1	3	5	11	13
3	3	12	1	10	13	16	8	11
4	4	16	7	2	6	10	5	9
5	5	3	13	11	16	4	2	7
6	6	7	2	3	9	15	16	5
7	7	11	8	12	2	9	13	3
8	8	15	14	4	12	3	10	1
9	9	2	3	13	5	14	7	16
10	10	2	3	13	5	14	7	16
11	11	10	15	14	8	2	1	12
12	12	14	4	6	1	13	15	10
13	13	1	10	15	11	7	12	8
14	14	5	16	7	4	1	9	6
15	15	9	5	16	14	12	6	4
16	16	13	11	8	7	6	3	2
17	17	17	17	17	17	17	17	17

$$U_{17}(17^8)\text{ 使用表}$$

s	列 号							D
2	1	6						0.109 9
3	1	5	8					0.183 2
4	1	5	7	8				0.250 1
5	1	2	5	7	8			0.311 1
6	1	2	3	5	7	8		0.366 7
7	1	2	3	4	5	7	8	0.417 4

$$(19)\,U_{17}^*(17^5)$$

试验号	列 号				
	1	2	3	4	5
1	1	7	11	13	17
2	2	14	4	8	16
3	3	3	15	3	15
4	4	10	8	16	14

续表

试验号	列　号				
	1	2	3	4	5
5	5	17	1	11	13
6	6	6	12	6	12
7	7	13	5	1	11
8	8	2	16	14	10
9	9	9	9	9	9
10	10	16	2	4	8
11	11	5	13	17	7
12	12	12	6	12	6
13	13	1	17	7	5
14	14	8	10	2	4
15	15	15	3	15	3
16	16	4	14	10	2
17	17	11	7	5	1

$U_{17}^{*}(17^5)$ 使用表

s	列　号				D
2	1	2			0.085 6
3	1	2	4		0.133 1
4	2	3	4	5	0.178 5

（20）$U_{18}^{*}(18^{11})$

试验号	列　号										
	1	2	3	4	5	6	7	8	9	10	11
1	1	3	4	5	6	7	8	9	11	15	16
2	2	6	8	10	12	14	16	18	3	11	13
3	3	9	12	15	18	2	5	8	14	7	10
4	4	12	16	1	5	9	13	17	6	3	7
5	5	15	1	6	11	16	2	7	17	18	4
6	6	18	5	11	17	4	10	16	9	14	1
7	7	2	9	16	4	11	18	6	1	10	17
8	8	5	13	2	10	18	7	15	12	6	14
9	9	8	17	7	16	6	15	5	4	2	11
10	10	11	2	12	3	13	4	14	15	17	8
11	11	14	6	17	9	1	12	4	7	13	5

续表

试验号	列　号										
	1	2	3	4	5	6	7	8	9	10	11
12	12	17	10	3	15	8	1	13	18	9	2
13	13	1	14	8	2	15	9	3	10	5	18
14	14	4	18	13	8	3	17	12	2	1	15
15	15	7	3	18	14	10	6	2	13	16	12
16	16	10	7	4	1	17	14	11	5	12	9
17	17	13	11	9	7	5	3	1	16	8	6
18	18	16	15	14	13	12	11	10	8	4	3

$$U_{18}^*(18^{11})\ 使用表$$

s	列　号							D
2	1	7						0.077 9
3	1	4	8					0.139 4
4	1	4	6	8				0.175 4
5	1	3	6	8	11			0.204 7
6	1	2	4	7	8	10		0.224 5
7	1	4	5	6	8	9	11	0.224 7

$$(21)\ U_{19}^*(19^7)$$

试验号	列　号						
	1	2	3	4	5	6	7
1	1	3	7	9	11	13	19
2	2	6	14	18	2	6	18
3	3	9	1	7	13	19	17
4	4	12	8	16	4	12	16
5	5	15	15	5	15	5	15
6	6	18	2	14	6	18	14
7	7	1	9	3	17	11	13
8	8	4	16	12	8	4	12
9	9	7	3	1	19	17	11
10	10	10	10	10	10	10	10
11	11	13	17	19	1	3	9
12	12	16	4	8	12	16	8
13	13	19	11	17	3	9	7
14	14	2	18	6	14	2	6

续表

试验号	列　号						
	1	2	3	4	5	6	7
15	15	5	5	15	5	15	5
16	16	8	12	4	16	8	4
17	17	11	19	13	7	1	3
18	18	14	6	2	18	14	2
19	19	17	13	11	9	7	1

$U_{19}^*(19^7)$ 使用表

s	列　号					D
2	1	4				0.075 5
3	1	5	6			0.137 2
4	1	2	3	5		0.180 7
5	3	4	5	6	7	0.189 7

$(22)\,U_{20}^*(20^7)$

试验号	列　号						
	1	2	3	4	5	6	7
1	1	4	5	10	13	16	19
2	2	8	10	20	5	11	17
3	3	10	15	9	18	6	15
4	4	16	20	19	10	1	13
5	5	20	4	8	2	17	11
6	6	3	9	18	15	12	9
7	7	7	14	7	7	7	7
8	8	11	19	17	20	2	5
9	9	15	3	6	12	18	3
10	10	19	8	16	4	13	1
11	11	2	13	5	17	8	20
12	12	6	18	15	9	3	18
13	13	10	2	4	1	19	16
14	14	14	7	14	14	14	14
15	15	18	12	3	6	9	12
16	16	1	17	13	19	4	10

续表

试验号	列 号						
	1	2	3	4	5	6	7
17	17	5	1	2	11	20	8
18	18	9	6	12	3	15	6
19	19	13	11	1	16	10	4
20	20	17	16	11	8	5	2

$U_{20}^*(20^7)$ 使用表

s	列 号						D
2	1	5					0.094 7
3	1	2	3				0.136 3
4	1	4	5	6			0.191 5
5	1	2	4	5	6		0.201 2
6	1	2	4	5	6	7	0.201 0

(23) $U_{21}(21^6)$

试验号	列 号					
	1	2	3	4	5	6
1	1	4	10	13	16	19
2	2	8	20	5	11	17
3	3	12	9	18	6	15
4	4	16	19	10	1	13
5	5	20	8	2	17	11
6	6	2	18	15	12	9
7	7	7	7	7	7	7
8	8	11	17	20	2	5
9	9	15	6	12	18	3
10	10	19	16	4	13	1
11	11	2	5	17	8	20
12	12	6	15	9	3	18
13	13	10	4	1	19	16
14	14	14	14	14	14	14
15	15	18	3	6	9	12
16	16	1	13	19	4	10
17	17	5	2	11	20	8
18	18	9	12	3	15	6
19	19	13	1	16	10	4
20	20	17	11	8	5	2
21	21	21	21	21	21	21

$U_{21}(21^6)$ 使用表

s	列　号						D
2	1	4					0.094 7
3	1	3	5				0.158 1
4	1	3	4	5			0.208 9
5	1	2	3	4	5		0.262 0
6	1	2	3	4	5	6	0.311 3

$(24)\, U_{21}^*(21^7)$

试验号	列　号						
	1	2	3	4	5	6	7
1	1	5	7	9	13	17	19
2	2	10	14	18	4	12	16
3	3	15	21	5	17	7	13
4	4	20	6	15	8	2	10
5	5	3	13	1	21	19	7
6	6	8	20	10	12	14	4
7	7	13	5	19	3	9	1
8	8	18	12	6	16	4	20
9	9	1	19	15	7	21	17
10	10	6	4	2	20	16	14
11	11	11	11	11	11	11	11
12	12	16	18	20	2	6	8
13	13	21	3	7	15	1	5
14	14	4	10	16	6	18	2
15	15	9	17	3	19	13	21
16	16	14	2	12	10	8	18
17	17	19	9	21	1	3	15
18	18	2	16	8	14	20	12
19	19	7	1	17	5	15	9
20	20	12	8	4	18	10	6
21	21	17	15	13	9	5	3

$U_{21}^*(21^7)$ 使用表

s	列 号					D
2	1	5				0.067 9
3	1	3	4			0.112 1
4	1	2	3	5		0.138 1
5	1	4	5	6	7	0.175 9

$(25)\ U_{22}^*(22^{11})$

试验号	列 号										
	1	2	3	4	5	6	7	8	9	10	11
1	1	5	6	8	9	11	13	14	17	20	21
2	2	10	12	16	18	22	3	5	11	17	19
3	3	15	18	1	4	10	16	19	5	14	17
4	4	20	1	9	13	21	6	10	22	11	15
5	5	2	7	17	22	9	19	1	16	8	13
6	6	7	13	2	8	20	9	15	10	5	11
7	7	12	19	10	17	8	22	6	4	2	9
8	8	17	2	18	3	19	12	20	21	22	7
9	9	22	8	3	12	7	2	11	15	19	5
10	10	4	14	11	21	18	15	2	9	16	3
11	11	9	20	19	7	6	5	16	3	13	1
12	12	14	3	4	16	17	18	7	20	10	22
13	13	19	9	12	2	5	8	21	14	7	20
14	14	1	15	20	11	16	21	12	8	4	18
15	15	6	21	5	20	4	11	3	2	1	16
16	16	11	4	13	6	15	1	17	19	21	14
17	17	16	10	21	15	3	14	8	13	18	12
18	18	21	16	6	1	14	4	22	7	15	10
19	19	3	22	14	10	2	17	13	1	12	8
20	20	8	5	22	19	13	7	4	18	9	6
21	21	13	11	7	5	1	20	18	12	6	4
22	22	18	17	15	14	12	10	9	6	3	2

$U_{22}^*(22^{11})$ 使用表

s	列　号							D
2	1	5						0.067 7
3	1	7	9					0.110 8
4	1	7	8	9				0.139 2
5	1	4	7	8	9			0.182 7
6	1	4	7	8	9	11		0.193 0
7	1	2	3	5	6	7	10	0.219 5

$(26)\,U_{23}^*(23^7)$

试验号	列　号						
	1	2	3	4	5	6	7
1	1	7	11	13	17	19	23
2	2	14	22	2	10	14	22
3	3	21	9	15	3	9	21
4	4	4	20	4	20	4	20
5	5	11	7	17	13	23	19
6	6	18	8	6	6	18	18
7	7	1	5	19	23	13	17
8	8	8	16	8	16	8	16
9	9	15	3	21	9	3	15
10	10	22	14	10	2	22	14
11	11	5	1	23	19	17	13
12	12	12	12	12	12	12	12
13	13	19	23	1	5	7	11
14	14	2	10	14	22	2	10
15	15	9	21	3	15	21	9
16	16	16	8	16	8	16	8
17	17	23	19	5	1	11	7
18	18	6	6	18	18	6	6
19	19	13	17	7	11	1	5
20	20	20	4	20	4	20	4
21	21	3	15	9	21	15	3
22	22	10	2	22	14	10	2
23	23	17	13	11	7	5	1

$U_{23}^*(23^7)$ 使用表

s	列　　号					D
2	1	5				0.063 8
3	3	5	6			0.102 9
4	1	2	4	6		0.131 0
5	3	4	5	6	7	0.169 1

(27) $U_{24}^*(24^9)$

试验号	列　　号								
	1	2	3	4	5	6	7	8	9
1	1	3	6	7	9	11	12	16	19
2	2	6	12	14	18	22	24	7	13
3	3	9	18	21	2	8	11	23	7
4	4	12	24	3	11	19	23	14	1
5	5	15	5	10	20	5	10	5	20
6	6	18	11	17	4	16	22	21	14
7	7	21	17	24	13	2	9	12	8
8	8	24	23	6	22	13	21	3	2
9	9	2	4	13	6	24	8	19	21
10	10	5	10	20	15	10	20	10	15
11	11	8	16	2	24	21	7	1	9
12	12	11	22	9	8	7	19	17	3
13	13	14	3	16	17	18	6	8	22
14	14	17	9	23	1	4	18	24	16
15	15	20	15	5	10	15	5	15	10
16	16	23	21	12	19	1	17	6	4
17	17	1	2	19	3	12	4	22	23
18	18	4	8	1	12	23	16	13	17
19	19	7	14	8	21	9	3	4	11
20	20	10	20	15	5	20	15	20	5
21	21	13	1	22	14	6	2	11	24
22	22	16	7	4	23	17	14	2	18
23	23	19	13	11	7	3	1	18	12
24	24	22	19	18	16	14	13	9	6

$U_{24}^*(24^9)$ 使用表

s	列　号							D
2	1	6						0.058 6
3	1	3	6					0.103 1
4	1	3	6	8				0.144 1
5	1	2	6	7	9			0.175 8
6	1	2	4	6	7	9		0.206 4
7	1	2	4	5	6	7	9	0.219 8

(28) $U_{27}^*(27^{10})$

试验号	列　号									
	1	2	3	4	5	6	7	8	9	10
1	1	5	9	11	13	15	17	19	25	27
2	2	10	18	22	26	2	6	10	22	26
3	3	15	27	5	11	17	23	1	19	25
4	4	20	8	16	24	4	12	20	16	24
5	5	25	17	27	9	19	1	11	13	23
6	6	2	26	10	22	6	8	2	10	22
7	7	7	7	21	7	21	7	21	7	21
8	8	12	16	4	20	8	24	12	4	20
9	9	17	25	15	5	23	13	3	1	19
10	10	22	6	26	18	10	2	22	26	18
11	11	27	15	9	3	25	19	13	23	17
12	12	4	24	20	16	12	8	4	20	16
13	13	9	5	3	1	27	25	23	17	15
14	14	14	14	14	14	14	14	14	14	14
15	15	19	23	25	27	1	3	5	11	13
16	16	24	4	8	12	16	20	24	8	12
17	17	1	13	19	25	3	9	15	5	11
18	18	6	22	2	10	18	26	6	2	10
19	19	11	3	13	23	5	15	25	27	9
20	20	16	12	24	8	20	4	16	24	8
21	21	21	21	7	21	7	21	7	21	7
22	22	26	2	18	6	22	10	26	18	6
23	23	3	11	1	19	9	27	17	15	5
24	24	8	20	12	4	24	16	8	12	4
25	25	13	1	23	17	11	5	27	9	3
26	26	18	10	6	2	26	22	18	6	2
27	27	23	19	17	15	13	11	9	3	1

$U_{27}^*(27^{19})$ 使用表

s	列 号					D
2	1	4				0.060 0
3	1	3	6			0.100 9
4	1	4	6	9		0.118 9
5	2	5	7	8	10	0.137 8

$(29) U_{30}^*(30^{13})$

试验号	列 号												
	1	2	3	4	5	6	7	8	9	10	11	12	13
1	1	4	6	9	10	11	14	18	19	22	25	28	29
2	2	8	12	18	20	22	28	5	7	13	19	25	27
3	3	12	18	27	30	2	11	23	26	4	13	22	25
4	4	16	24	5	9	13	25	10	14	26	7	19	23
5	5	20	30	14	19	24	8	28	2	17	1	16	21
6	6	24	5	23	29	4	22	15	21	8	26	13	19
7	7	28	11	1	8	15	5	2	9	30	20	10	17
8	8	1	17	10	18	26	19	20	28	21	14	7	15
9	9	5	23	19	28	6	2	7	16	12	8	4	13
10	10	9	29	28	7	17	16	25	4	3	2	1	11
11	11	13	4	6	17	28	30	12	23	25	27	29	9
12	12	17	10	15	27	8	13	30	11	16	21	26	7
13	13	21	16	24	6	19	27	17	30	7	15	23	5
14	14	25	22	2	16	30	10	4	18	29	9	20	3
15	15	29	28	11	26	10	24	22	6	20	3	17	1
16	16	2	3	20	5	21	7	9	25	11	28	14	30
17	17	6	9	29	15	1	21	27	13	2	22	11	28
18	18	10	15	7	25	12	4	14	1	24	16	8	26
19	19	14	21	16	4	23	18	1	20	15	10	5	24
20	20	18	27	25	14	3	1	19	8	6	4	2	22
21	21	22	2	3	24	14	15	6	27	28	28	30	20
22	22	26	8	12	3	25	29	24	15	19	23	27	18
23	23	30	14	21	13	5	12	11	3	10	17	24	16
24	24	3	20	30	23	16	26	29	22	1	11	21	14
25	25	7	26	8	2	27	9	16	10	23	5	18	12
26	26	11	1	17	12	7	23	3	29	14	30	15	10
27	27	15	7	26	22	18	6	21	17	5	24	12	8
28	28	19	13	4	1	29	20	8	5	27	18	9	6
29	29	23	19	13	11	9	3	26	24	18	12	6	4
30	30	27	25	22	21	20	17	13	12	19	6	3	2

$U_{30}^*(30^{13})$ 使用表

s	列　号							D
2	1	10						0.051 9
3	1	9	10					0.088 8
4	1	2	7	8				0.132 5
5	1	2	5	7	8			0.146 5
6	1	2	5	7	8	11		0.162 1
7	1	2	3	4	6	12	13	0.192 4

附表 20　拟水平构造混合水平均匀设计表的指导表

(1) 由 $U_6(6^6)$ 构造

混合水平表(3 列)	应选列号			混合水平表(4 列)	应选列号			
$U_6(6 \times 3^2)$	1	2	3	$U_6(6 \times 3^2 \times 2)$	1	2	3	6
$U_6(6 \times 3 \times 2)$	1	2	3	$U_6(6^2 \times 3 \times 2)$	1	2	3	5
$U_6(6^2 \times 3)$	2	3	5	$U_6(6^2 \times 3^2)$	1	2	3	5
$U_6(6^2 \times 2)$	1	2	3	$U_6(6^3 \times 3)$	1	2	3	4
$U_6(3^2 \times 2)$	1	2	3	$U_6(6^3 \times 2)$	1	2	3	4

(2) 由 $U_8(8^6)$ 构造

混合水平表(3 列)	应选列号			混合水平表(4 列)	应选列号			
$U_8(8 \times 4^2)$	1	4	5	$U_8(8 \times 4^3)$	1	2	3	6
$U_8(8 \times 4 \times 2)$	1	2	6	$U_8(8 \times 4^2 \times 2)$	1	2	3	5
$U_8(8^2 \times 4)$	1	3	5	$U_8(8^2 \times 4^2)$	1	2	4	5
$U_8(8^2 \times 2)$	1	2	4	$U_8(8^3 \times 4)$	1	2	3	4
				$U_8(8^3 \times 2)$	1	2	3	4

(3) 由 $U_{10}(10^{10})$ 构造

混合水平表(3 列)	应选列号			混合水平表(4 列)	应选列号			
$U_{10}(5^2 \times 2)$	1	2	5	$U_{10}(10 \times 5^3)$	1	2	4	10
$U_{10}(10 \times 5^2)$	3	5	9	$U_{10}(10 \times 5^2 \times 2)$	1	2	4	10
$U_{10}(10 \times 5 \times 2)$	1	2	5	$U_{10}(10^2 \times 5^2)$	1	3	4	5
$U_{10}(10^2 \times 5)$	2	3	10	$U_{10}(10^2 \times 5 \times 2)$	1	2	3	4
$U_{10}(10^2 \times 2)$	1	2	3	$U_{10}(10^3 \times 5)$	1	3	8	10
				$U_{10}(10^3 \times 2)$	1	2	3	5

(4) 由 $U_{12}(12^{12})$ 构造

混合水平表(3 列)	应选列号			混合水平表(4 列)	应选列号			
$U_{12}(6 \times 4 \times 3)$	1	3	4	$U_{12}(12 \times 6 \times 4^2)$	1	3	4	12
$U_{12}(6 \times 4^2)$	1	3	4	$U_{12}(12 \times 6 \times 4 \times 3)$	1	2	3	12
$U_{12}(6^2 \times 4)$	8	10	12	$U_{12}(12 \times 6^2 \times 2)$	1	2	5	12
$U_{12}(4^2 \times 3)$	1	2	3	$U_{12}(12 \times 6^2 \times 4)$	1	3	5	12
$U_{12}(12 \times 4^2)$	1	4	6	$U_{12}(12 \times 6^2 \times 4)$	1	3	4	12
$U_{12}(12 \times 4 \times 2)$	1	2	3	$U_{12}(12 \times 6^3)$	1	3	4	11
$U_{12}(12 \times 4 \times 3)$	1	2	3	$U_{12}(12 \times 4^3)$	1	2	5	6
$U_{12}(12 \times 6 \times 4)$	4	10	11	$U_{12}(12 \times 4^2 \times 3)$	1	2	5	6
$U_{12}(12 \times 6 \times 3)$	7	9	10	$U_{12}(12^2 \times 6 \times 2)$	1	2	3	5
$U_{12}(12 \times 6^2)$	1	6	9	$U_{12}(12 \times 6^2 \times 3)$	1	2	5	7
$U_{12}(12^2 \times 2)$	1	3	4	$U_{12}(12 \times 6^2 \times 4)$	1	3	4	7
$U_{12}(12^2 \times 3)$	1	3	5	$U_{12}(12^2 \times 6^2)$	1	8	10	11
$U_{12}(12^2 \times 4)$	1	4	5	$U_{12}(12^2 \times 4 \times 3)$	1	2	3	9
$U_{12}(12^2 \times 6)$	1	6	8	$U_{12}(12^2 \times 4^2)$	1	3	4	6
				$U_{12}(12^3 \times 2)$	1	2	3	5
				$U_{12}(12^3 \times 3)$	1	3	5	7
				$U_{12}(12^3 \times 4)$	1	4	5	6
				$U_{12}(12^3 \times 6)$	2	8	9	10

注：$U_6(6^6)$，$U_8(8^6)$，$U_{10}(10^{10})$ 和 $U_{12}(12^{12})$ 分别由 $U_7(7^6)$，$U_9(9^6)$，$U_{11}(11^{10})$ 和 $U_{13}(13^{12})$ 去掉最后一行而得。

参考文献

[1] 王钦德,杨坚. 食品试验设计与统计分析[M]. 2版. 北京:中国农业大学出版社,2012.

[2] 李云雁,胡传荣. 试验设计与数据处理[M]. 北京:化学工业出版社,2012.

[3] 李志西,杜双奎. 试验优化设计与统计分析[M]. 北京:科学出版社,2010.

[4] 何为,薛卫东. 优化试验设计方法及数据分析[M]. 北京:化学工业出版社,2012.

[5] 明道绪. 生物统计附试验设计[M]. 4版. 北京:中国农业出版社,2008.

[6] 杨坚,王钦德. 食品试验设计与统计分析[M]. 北京:中国农业大学出版社,2003.

[7] 章银良. 食品与生物试验设计与数据分析:高校教材[M]. 北京:中国轻工业出版社,2010.

[8] 黄亚群. 试验设计与统计分析学习指导[M]. 北京:中国农业出版社,2008.

[9] 欧阳叙向. 生物统计附试验设计[M]. 重庆:重庆大学出版社,2011.

[10] 苏胜宝. 试验设计与生物统计[M]. 北京:中央广播电视大学出版社,2010.

[11] 王宝山. 试验统计方法[M]. 北京:中国农业出版社,2012.

[12] 盖钧镒. 试验统计方法[M]. 北京:中国农业出版社,2000.

[13] 方萍. 实用农业试验设计与统计分析指南[M]. 北京:中国农业出版社,2000.

[14] 陆建身,赖麟. 生物统计学[M]. 北京:高等教育出版社,2003.

[15] 宋素芳,秦豪荣,赵聘. 生物统计学[M]. 北京:中国农业大学出版社,2008.

[16] 张勤,张启能. 生物统计学[M]. 北京:中国农业大学出版社,2002.

[17] 明道绪. 田间试验与统计分析[M]. 2版. 北京:科学出版社,2008.